日本の七十二候を楽しむ

―旧暦のある暮らし―

文・白井明大
絵・有賀一広

東邦出版

はじめに

季節がめぐるということは、
いつもの日々の、
ふとした瞬間に、
新しい季節の訪れに
気づくことかもしれません。

朝、目をさまし、
鳥のさえずりに耳をすませるとき。
道ばたに咲いている野花に目をとめるとき。
青空に浮かぶ、
まっしろく大きな雲を見あげるとき。
夕暮れにそよぐ、
すすきの穂を眺めるとき。

日本には、春夏秋冬の四季だけでなく、
二十四の気という季節、
七十二もの候という季節があり
旧暦をもとに暮らしていた時代には、
人はそうした季節の移ろいを
こまやかに感じとって生活していました。

旬のものをいただき、
季節それぞれの風物詩を楽しみ、
折々の祭や行事に願いを込めてきました。

自然の流れによりそう旧暦のある暮らしは、
いまの時代にも大切なもの、
人の身も心も豊かにしてくれるものに満ちています。

この本が、旧暦にまつわる
古きよき暮らしの知恵を、
あなたの日々に届けられたら幸いです。

もくじ

啓蟄　けいちつ　28
初候　蟄虫戸を啓く　すごもりのむしとをひらく　30
次候　桃始めて笑う　ももはじめてわらう　32
末候　菜虫蝶と化す　なむしちょうとかす　34

春分　しゅんぶん　36
初候　雀始めて巣くう　すずめはじめてすくう　38
次候　桜始めて開く　さくらはじめてひらく　40
末候　雷乃声を発す　かみなりこえをはっす　42

清明　せいめい　44
初候　玄鳥至る　つばめきたる　46
次候　鴻雁北へかえる　がんきたへかえる　48
末候　虹始めて見る　にじはじめてあらわる　50

穀雨　こくう　52
初候　葭始めて生ず　あしはじめてしょうず　54
次候　霜止んで苗出ず　しもやんでなえいず　56
末候　牡丹華さく　ぼたんはなさく　58

芒種　ぼうしゅ　78
初候　蟷螂生ず　かまきりしょうず　80
次候　腐草蛍と為る　ふそうほたるとなる　82
末候　梅子黄なり　うめのみきなり　84

夏至　げし　86
初候　乃東枯る　なつかれくさかれる　88
次候　菖蒲華さく　あやめはなさく　90
末候　半夏生ず　はんげしょうず　92

小暑　しょうしょ　94
初候　温風至る　おんぷういたる　96
次候　蓮始めて開く　はすはじめてひらく　98
末候　鷹乃学を習う　たかわざをならう　100

大暑　たいしょ　102
初候　桐始めて花を結ぶ　きりはじめてはなをむすぶ　104
次候　土潤いて溽し暑し　つちうるおいてむしあつし　106
末候　大雨時行る　たいうときどきふる　108

秋

110

立秋　りっしゅう　112

初候　涼風至る　りょうふういたる　114
次候　寒蝉鳴く　ひぐらしなく　116
末候　蒙霧升降す　のうむしょうこうす　118

処暑　しょしょ　120

初候　綿柎開く　わたのはなしべひらく　122
次候　天地始めて粛し　てんちはじめてさむし　124
末候　禾乃登る　こくものみのる　126

白露　はくろ　128

初候　草露白し　くさのつゆしろし　130
次候　鶺鴒鳴く　せきれいなく　132
末候　玄鳥去る　つばめさる　134

冬

160

立冬　りっとう　162

初候　山茶始めて開く　つばきはじめてひらく　164
次候　地始めて凍る　ちはじめてこおる　166
末候　金盞香し　きんせんこうばし　168

小雪　しょうせつ　170

初候　虹蔵れて見えず　にじかくれてみえず　172
次候　朔風葉を払う　さくふうはをはらう　174
末候　橘始めて黄なり　たちばなはじめてきなり　176

大雪　たいせつ　178

初候　閉塞く冬と成る　そらさむくふゆとなる　180
次候　熊穴に蟄る　くまあなにこもる　182
末候　鱖魚群がる　さけむらがる　184

旧暦について

太陽と月の暦

人は昔から、太陽や月のめぐるリズムを、季節や月日などを知る手がかりにしてきました。地球が太陽のまわりを一周する時間の長さを一年とするのが、太陽暦。月が新月から次の新月になるまでを一か月とするのが、太陰暦です。

旧暦というのは、太陽暦と太陰暦を組み合わせた太陰太陽暦のことで、明治五年（一八七二年）に「改暦の詔書」が出されるまで長い間親しまれてきた、昔ながらの日本の暮らしの暦です。旧暦では月日は、月の満ち欠けによる太陰暦で定めていました（新月の日が毎月一日になります）。季節には、太陽暦の一年を四等分した春夏秋冬の他に、二十四等分した二十四節気《にじゅうしせっき》と、七十二等分した七十二候《しちじゅうにこう》という、こまやかな季節の移ろいまでが取り入れられていました。

自然のリズムによりそう七十二候

二十四節気は、立春からはじまり、春分、夏至、秋分、冬至の四つの時期（二至二分《にしにぶん》と呼ばれます）に春夏秋冬それぞれの盛りを迎え、大寒《だいかん》で締めくくられて一年となります。立春、立夏、立秋、立冬が、四季それぞれのはじまりで四立《しりゅう》といい、二至二分と合わせて八節とされます。

　不思議なのは、七十二候です。「東風凍《とうふうこおり》を解《と》く」というのが最初の候の名前です。「桃始《ももはじ》めて笑《わら》う」、「虹始《にじはじ》めて見《あらわ》る」など、季節それぞれのできごとを、そのまま名前にしているのです。花や鳥や草木や自然現象にまなざしを向ける七十二候という暦は、生きとし生けるものの息吹に満ちた暦であり、田植えや稲刈りの時期など農作業の目安になる農事暦でもあります。

　そして桃の節句や端午の節句などの五節句や、節分、彼岸、八十八夜、入梅、土用などの雑節と呼ばれる季節の節目がありますが、これらはいまの暮らしに溶け込み、年中行事としてなじみ深いものが少なくありません。

　この本は、そうした二十四節気七十二候からみた、旧暦の暮らしをテーマにしています。いまが旬の魚や野菜、果物のこと、季節の花や鳥のこと、その時季ならではの暮らしの楽しみや祭や行事のことなど、さまざまな事柄をそれぞれの気や候の項目で紹介しています。

◎本書の七十二候は、江戸時代の宝暦暦・寛政暦の漢字表記を基にしつつ、現代語として意味の通りやすいかな表記を付しています。

◎旧暦については、二〇一二年の日付をおよその目安にしています。

春

見つけるよろこびに満ちているのが、春という季節ではないでしょうか。草木が芽吹き、花が咲き、鳥がさえずる姿にふと気づくたび、自然と顔がほころびます。ささやかな日々の移ろいに、人は古来、心動かされてきました。

たのしみは朝おきいでゝ昨日まで無《なか》りし花の咲ける見る時

橘曙覧《たちばなのあけみ》「独楽吟《どくらくぎん》」より

（たのしみなのは、朝起きたら、昨日まで咲いていなかった花が咲いているのを見る時です）

福茶《ふくちゃ》

立春からはじまる新しい年に初めて汲んだ水を若水《わかみず》といって、健康や豊作、幸せを招く水とされています。旧暦から新暦に移り変わる中で、いまでは正月の習慣に。まず神棚にお供えをし、それから食事の仕度や洗顔に使います。その若水でいれたお茶が福茶です。煎茶やほうじ茶に、結び昆布や小梅などを入れたもの。水道の水でも、あらためて感謝の気持ちで受け取って、若水として福茶をいれてはいかがですか。

外からは梅がとび込福茶哉

小林一茶《いっさ》

立春《りっしゅん》

立春とは、初めて春の兆しが現われてくるころのこと。この季節から数えて最初に吹く南寄りの強い風が春一番です。

立春

初候　東風凍を解く《とうふうこおりをとく》

暖かい春風が吹いて、川や湖の氷が解け出すころ。旧暦の七十二候では、この季節から新年がはじまります。（新暦では、およそ二月四日〜八日ごろ）

候のことば

東風

東風とは、春風のこと。でも春風というのは南から吹く暖かい風のはずなのに、なぜ東風と呼ぶのでしょう？　それはもともと七十二候が中国から渡ってきた暦であることの名残りです。中国で親しまれる陰陽五行の思想で、春は東を司るから東風と呼ぶそうです。

東風《こち》吹くや耳現はるゝうなゐ髪　　杉田久女《ひさじょ》

（春風が吹き、幼い子のうなじのあたりで束ねた髪が風にそよいで耳が現われます）

○旬の野菜

蕗の薹　ふきのとう

雪解けの土の中から顔をのぞかせる蕗の薹は、春一番の山菜です。若芽に蓄えられたエネルギーが、独特の香りや苦みとなり、冬の間にこわばっていた体をめざめさせ、新陳代謝を促します。つぼみが固く、葉が開いていないものを選ぶのがこつ。天ぷらや蕗みそに。

酒の肴に、焼きおにぎりに　蕗《ふき》みそ

たっぷりの湯で3分ほど茹でた蕗の薹を丹念にすりつぶして、白みそまたは赤みそとよく混ぜ、砂糖とみりんを少々加えます。そのままで酒の肴にも、焼きおにぎりにも美味。

○旬の魚介

白魚《しらうお》

白魚の旬は一、二月の川へ上る頃、味がいいといわれます。握り寿司のネタに合い、甘みと苦みがほどよく相まって美味。千葉県九十九里の北端にある飯岡町の「ちりめん（しらす干し）」が名物。

繊細な春の味　**白魚飯《しらうおめし》**

米に酒を加えて炊き、火を落とすときに、酒、しょうゆ、みりんなどで薄味をつけた白魚を上に並べます。崩れやすい白魚を崩さないように、魚の扱いはていねいに。

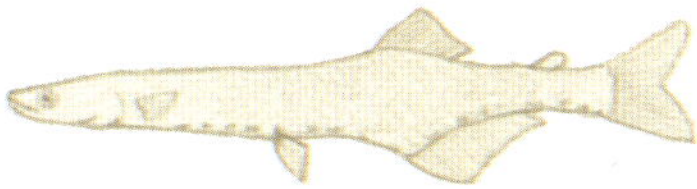

○旬の兆し

春一番

立春を過ぎて最初に吹く南寄りの強い風。能登や志摩の以西、また壱岐の島の漁師たちが呼んでいた風の名が、歳時記や新聞で取り上げられて広まりました。北陸の加賀や能登では、北風から南風になる最初の風として「ぼんぼろ風」と呼んでいます。

○旬の行事

初午

立春を過ぎて最初の午《うま》の日に、稲荷詣をするならわしが古来ありました。もともと田の神さまを山から里へ迎え、豊作を祈る意味もあったとか。京都の伏見稲荷神社は祭でにぎわい、神社の杉の小枝を験《しるし》の杉としていただくなども。地元のお稲荷さんにちょっとお参りするのに縁起のいい日です。

立春

次候

黄鶯睍睆く《うぐいすなく》

春の到来を告げる鶯が、美しい鳴き声を響かせるころ。かつては梅の咲く季節「梅花乃芳し《うめのはなかんば》」*とも呼ばれていました。
(新暦では、およそ二月九日〜十三日ごろ)　*貞享暦のこと

候のことば

鶯　うぐいす

鶯のさえずりを聞くと、もう春だなと初音に耳を傾けます。早春に鳴くことから「春告鳥《はるつげどり》」ともいわれる緑がかった褐色の鳥。四月には山に帰ります。古来より「梅に鶯」といって春の兆しを愛でてきました。ホーホケキョと尾を揺るがして鳴き、ケキョケキョと続けて鳴くことを「鶯の谷渡り」といいます。

うぐひすや茶の木畑の朝月夜　　内藤丈草《じょうそう》

○旬の野菜

さやえんどう

緑あざやかで、さわやかな味わいが春の味覚にふさわしい、さやえんどう。さやごと食べられる実にはビタミンCやカロテンが多く含まれる緑黄色野菜です。さやに張りがあり、緑があおあおとして実が平らなものを選ぶのがこつ。

○旬の味覚

鶯餅　うぐいすもち

こしあんを求肥《ぎゅうひ》で丸く包んだ餅を、端を少しすぼ

めて鶯の形にした和菓子。青大豆きな粉という、青えんどう豆を挽いた粉でつくったきな粉をまぶし、淡い緑の鶯色に仕上げます。一説によると、名づけ親は豊臣秀吉とか。

○旬の魚介

鯡 にしん

「春告魚《はるつげうお》」ともいわれる鯡の旬は春。味が深く、脂がのり、酢飯によく合います。銀色で身に張りがあるものがよく、古くなると目が赤に。

子孫繁栄の縁起物　**数の子**

持ったとき塩でしっかり身が締まっているものがいい数の子。透明感があり、血管の黒いスジがないものを。つくり方はまず水に浸けて塩抜きします（水は何度か替えて）。だし、酒、みりん、しょうゆなどを合わせた漬け汁で味つけします。

○旬の兆し

梅の開花

まだ寒い早春を彩る梅の花は、『万葉集』の時代から古来、数々の歌に詠まれてきました。「梅は咲いたか、桜はまだか」と春の到来を待ちわびる人は、白梅が先んじ、紅梅が続く梅の開花に敏感だったことでしょう。桃山時代、古木の曲がりくねった幹から、スッとまっすぐに伸びる若枝に花がほころぶさまが独特の梅の美として描かれました。

○旬の行事

偕楽園《かいらくえん》／水戸の梅まつり

岡山の後楽園、金沢の兼六園と共に日本三大庭園のひとつに数えられる水戸の偕楽園は、梅の名所。二月下旬〜三月下旬にある水戸の梅まつりでは、偕楽園の梅が夜間ライトアップされる夜梅祭などが催されます。園内百種三千本の梅の花が咲き、見ごたえがあります。

立春

末候 魚氷に上る

うおこおりにあがる

暖かくなって湖の氷が割れ、魚が跳ね上がるころ。そんな春先の薄く張った氷のことを、薄氷《うすらい》と呼んでいます。
(新暦では、およそ二月十四日〜十八日ごろ)

候のことば

渓流釣り

二月からしだいに各地で渓流釣りが解禁となります。岩魚《いわな》や山女魚《やまめ》、天魚《あまご》などを釣るのは、訪れる春の楽しみ。これらの魚は日本に昔からいた在来種です。稀少な種が絶えないように山に暮らす人々が、日々の営みとして渓流魚と関わってきたから、いまがあります。

つり道具一式肩にかついで
ヤマメのいる川へ出かけよ
(ヤマメのいない川は不可)

中上哲夫「ヤマメのつり方」より

○旬の野菜

明日葉 あしたば

伊豆諸島原産の明日葉は「今日摘んでも、明日伸びてくる」ほどの強い生命力で、食材はもちろん薬草にも。旬は二月〜五月。ビタミン・ミネラル・食物繊維が豊富。茎に含まれる黄色いネバネバした液汁はカルコンといい、アレルギー症状を抑えて花粉症の予防に◎。

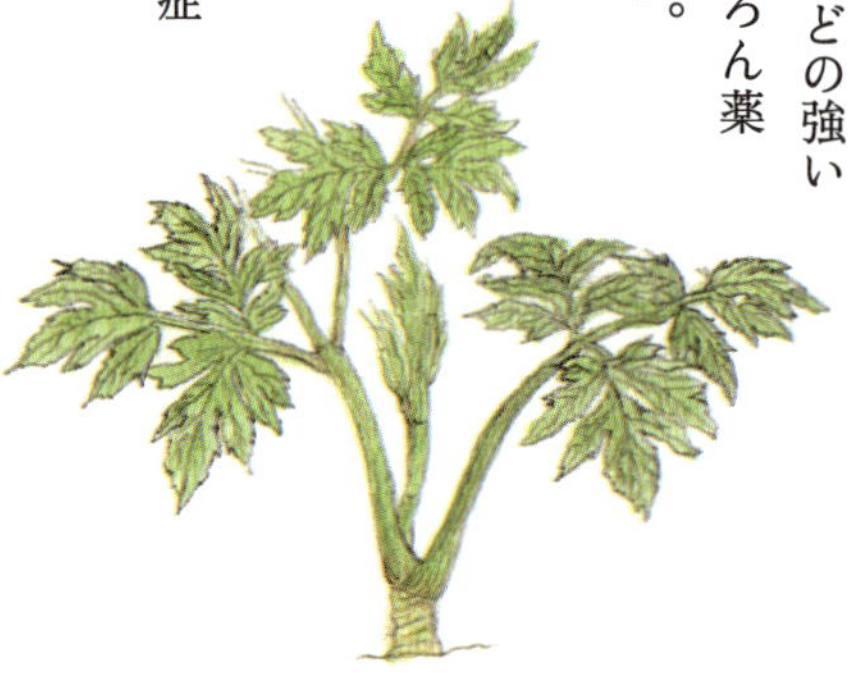

○旬の魚介

岩魚

全長三十センチ前後で、白と橙色の斑点がある日本在来の渓流魚。二月の解禁からとれはじめ、とくにえさの多い夏が美味。塩焼きにしても唐揚げにしてもよく、焼いた岩魚に熱燗を注ぐ骨酒《こつざけ》は野趣あふれる独特な風味です。

○旬の野鳥

めじろ

あざやかな黄緑の羽に、目のまわりを白くふちどっためじろが、このころから庭木の小枝に姿を現わします。二羽で追いかけ合いながら飛ぶ仲睦まじい姿は、まさに初春の風物詩。舌の先はブラシのようになっていて、花の蜜を上手になめます。

○旬の兆し

春寒 はるさむ

立春になり暦の上では春。けれど二月はまだ寒い季節です。その寒さをあえて春寒、または余寒《よかん》と呼び、もう春だからこれは冬の名残りなのだと、暖かな春の到来を心待ちにします。

○旬の行事

谷汲踊 たにぐみおどり

クジャクの羽を思わせる赤、黄、白のあざやかなシナイ（四メートルほどの扇状に割った竹に色紙を巻いたもの）を背負った、十二人の太鼓打ちが大太鼓を鳴らす谷汲踊。岐阜県揖斐郡谷汲村の谷汲山華厳寺で、二月十八日に豊年を祈願して奉納される行事です。起源は、平家を討った源氏の戦勝の踊りともいわれます。

雨水《うすい》

雨水とは、降る雪が雨へと変わり、氷が解け出すころのこと。昔からこの季節は農耕の準備をはじめる目安とされてきました。

雪汁《ゆきしる》

山の雪がゆっくり解け出して田畑や人をうるおす雪解けの水が、雪汁です。またの名を雪消《ゆきげ》の水と。時に出水を伴うほどの奔流となるものを雪代《ゆきしろ》といい、雪汁で川や海が濁るさまを雪濁《ゆきにご》りといいます。

雨水

初候　土脈潤い起こる《どみゃくうるおいおこる》

早春の暖かな雨が降り注ぎ、大地がうるおいめざめるころ。古くは「獺魚《かわうそうお》を祭る」という不思議な季節とされていました。（新暦では、およそ二月十九日～二十三日ごろ）

候のことば

獺魚《かわうそうお》を祭《まつ》る

そもそも七十二候は、中国から日本に伝来した暦。中国古代の天文学による七十二候では、雨水の初候は獺祭魚でした。獺は魚をよく捕えるものの、魚を岸に並べた後なかなか食べようとしません。それが祭の供え物のように見えたことから、獺が先祖の祭をしているといって、この季節の名が生まれたそうです。

茶器どもを獺《おそ》の祭の並べ方　正岡子規《しき》

○旬の野菜

春キャベツ

キャベツの旬は年三回。そのうち二月～六月に収穫されるのが春キャベツとして出回ります。葉がやわらかく、みずみずしいのでサラダや浅漬けなどに。またビタミンCは、十二月～四月ごろのものが多く含むのだそう。葉の巻きがゆるやかで、ふわっとしたものを選ぶのがこつ。

○旬の魚介

飛魚《とびうお》

波の間を飛び跳ねる飛魚。「春とび」と呼ばれるハマトビウオをはじめ、春から夏にかけてが旬です。そのままでもおいしい上に、煮干しとしても美味で、長崎や島根産のあごだしは絶品です。

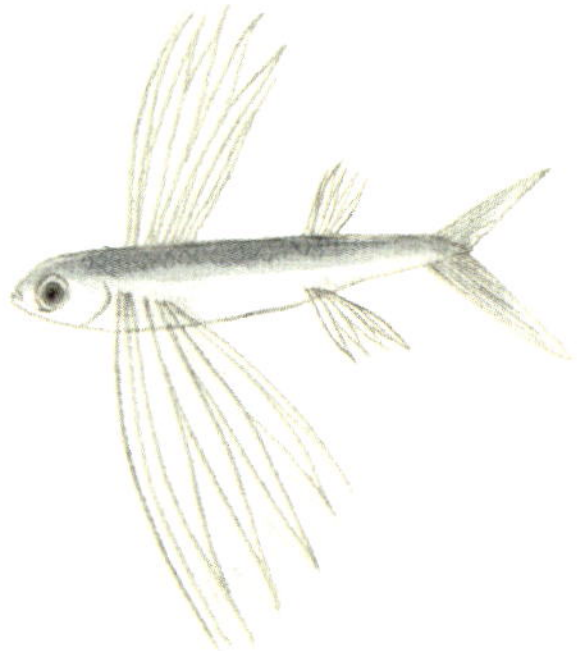

この旨味、やみつき　あごだし（飛魚のだし汁）

適当に割った飛魚と昆布を鍋に入れ、水を注いで一時間以上漬けます。鍋を火にかけてゆっくり温度を上げ、沸騰寸前に火を止めて、濾《こ》します。

○旬の兆し

藍《あい》蒔《ま》く

布を深く染める藍。東南アジア原産のタデ科の一年草で、日本にもっとも古く渡ってきた染料植物です。二月ごろ種を蒔き、十七センチほどに伸びると、苗床から畑に移植します。江戸時代中ごろから徳島の阿波が藍の名産地に。藍の種を蒔くときは、豊饒を祈って苗畑に御神酒を振りまくといいます。

○旬の行事

お伊《い》勢《せ》参《まい》り

江戸時代中ごろから、伊勢神宮参詣が庶民の間で盛んになりました。江戸から片道十五日、大阪からでも五日という長旅です。けれど自由な旅が許されなかった当時、お伊勢参りなら通行手形が認められ、一生に一度でも行きたい庶民の夢でした。そして貴重な旅ゆえ京や大阪へ足を伸ばす行楽ともなり、季節のいい春に好んで出かけたそうです。

雨水

次候

霞始めて靆く《かすみはじめてたなびく》

春霞《はるがすみ》がたなびき、山野の情景に趣きが加わるころ。遠くかすかな眺めが、ほのかに現われては消える移ろいの季節。（新暦では、およそ二月二十四日〜二十八日ごろ）

候のことば

霞《かすみ》と霧《きり》

薄ぼんやりとたなびく霞と、目の前に深くたちこめる霧。春には霞といい、秋には霧と呼び分けます。気象学では視程一キロ以下のものが霧、それより薄いものが霞。「たちのぼる」は霧には使いますが霞には使わず「たなびく」はその逆です。なんとなく違いはわかっても区別するのが難しいのが霞と霧。そして夜には霞といわず、朧《おぼろ》と。

この庭のいづこに立つも霞かな　　高浜虚子《きょし》

○旬の野菜

辛子菜《からしな》

からし特有の辛みと香りがある菜葉で、その種から和からしをつくります。葉や茎は油炒めや漬け物、おひたしに。またパスタや餃子の具にも合います。旬は二月〜四月。種の保存を欠かさない「金

沢の伝統野菜」認定。

ぴり辛の旨味　**チキナーイリチャー**

沖縄では、辛子菜の一種の島菜《シマナー》を一晩塩漬けにして香りが増したものをチキナーと呼んでいます。そのチキナーを島豆腐と炒めたチキナーイリチャーは辛みがきいて美味です。

○旬の魚介

素魚《しろうお》

白魚と名前は似ていますが別の魚です。身が透明で、光が素通りするから素魚と。旬は二月〜五月。春先に産卵のために川に上ってくる素魚を踊り食いで食べるのがこの季節の風物です。

ひょいっと口へ　**素魚の踊り食い**

酢じょうゆをかけて、ピチピチ跳ねるまま口に入れ、のどごしを味わいます。

○旬の兆し

野焼き

春先、晴天で風のない日に火を放って枯草を焼き払う、野焼き。灰が馬や牛の飼料となる草の成長を促し、わらびやぜんまいなどの発育を助ける肥料にもなります。奈良の若草山、京都の大原、山口の秋吉台など全国で行なわれる春野の風物詩。

○旬の行事

北野《きたの》菜種《なたね》御供《ごく》

菅原道真の忌日、二月二十五日の京都北野神社の祭礼です。菜種の花を挿して献じ、花がない時期には道真が好んだという梅を代わりにし、近年は梅花祭として親しまれています。紙屋川に添う探梅、野点の茶席、露店も出てにぎやか。年によっては雪が舞い、雪中梅を鑑賞できることも。

雨水

末候　草木萌え動く《そうもくもえうごく》

しだいにやわらぐ陽光の下、草木が芽吹き出すころ。冬の間に蓄えていた生命の息吹が外へ現われはじめる季節。
（新暦では、およそ三月一日〜四日ごろ）

候のことば

草木の息吹

ふと気づけば道ばたに咲いている名もない花に目を向けて歌にするほどに、古来自然と人は近しく暮らしていました。雨水も末候となると春の気配が増し、草木の息吹をそこここに感じてきます。

ののはな　谷川俊太郎

はなのののはな
はなのななあに
なずなのはな
なもないのばな

○旬の草花

緑繁縷《みどりはこべ》

太陽の光を受けると開く白い小さな五弁花は、雨や曇りの日は閉じたまま。そして閉じた花の中でおしべがめしべに花粉を渡します。家の辺りや道ばたなどで普通にみつかる野花です。開花は二月〜六月。

○旬の野菜

菜花《なばな》

葉はやわらかく緑があざやかな菜花は、春の訪れを告げる旬の緑黄色

野菜。花開く前のつぼみに含まれるビタミンCや鉄分、カルシウムなどの栄養豊富です。ほろ苦さが体の免疫力を高め、気持ちをやわらげます。

○旬の魚介

蛤《はまぐり》

雛祭りや結婚式に欠かせない蛤。この貝の殻のかみ合わせが、対のもの以外は合わないことから夫婦和合の象徴とされ、慶事の食材になりました。旬は春ですが、冬も美味です。左右の貝に絵を描き、貝を合わせて当てる、貝合わせなどの遊びが平安時代から行なわれていました。酒蒸しや煮貝は絶品。

桃の節句に添えて

蛤と菜花のすまし汁

桃の節句に欠かせない蛤に、菜花を合わせてビタミンB12など栄養バランスのいい一品に。蛤を砂抜きして水洗いし、鍋に蛤、昆布、水を入れて中火に。殻が開いたらアクをすくい、酒、しょうゆ、塩を少々。菜花は塩を加えたお湯でサッと茹で、冷水で色止めして椀に。そこへ蛤のすまし汁を注ぎます。

○旬の兆し

木《き》の芽《め》起《お》こし

雨水のこの時期に降る雨を、木の芽起こしといいます。植物が花を咲かせるための大切な雨で、木の芽が膨らむのを助けるように降ることからその名で呼ばれます。また催《さい》花《か》雨《う》とも木《き》の芽《め》萌《も》やしとも。植物にとって、ひと雨ごとに春が来るころ。

○旬の行事

浜《はまう》下り

旧暦の三月三日、沖縄では娘が浜に行き、潮干狩りを楽しんだり、お重《じゅう》やよもぎ餅などのごちそうを食べたりする浜下りというならわしがあります。女性の健康を祈るもので、そもそもは浜の白い砂を踏むことによって身を清めるという信仰に由来するようです。

啓蟄《けいちつ》

啓蟄とは、陽気に誘われ、土の中の虫が動き出すころのこと。一雨ごとに春になる、そんな季節の気配を感じながら。

桃の節句

啓蟄の次候には「桃始めて笑う」があります。桃の節句は三月三日で、まだ花はつぼみの時期ですが、旧暦の三月三日は新暦の三月下旬から四月上旬にあたり、ちょうど桃の花が咲くころ。かつては上巳の節句といい、川に穢れを流した行事が、やがて女子の健康を祈る雛祭りになりました。

啓蟄

初候 蟄虫戸を啓く《すごもりのむしとをひらく》

冬ごもりしていた虫が、姿を現わし出すころ。虫にかぎらず、さまざまな生きものがめざめはじめます。（新暦では、およそ三月五日～九日ごろ）

候のことば 春の歌心

石《いわ》走る垂水《たるみ》の上のさわらびの
　萌え出づる春になりにけるかも
志貴皇子《しきのみこ》

（雪解けの水が岩からほとばしる滝のほとりに、わらびが芽を出す春が来たんだな）

万葉集の巻八を開くと、春雑歌《はるのぞうか》からはじまります。そこには野の草花を見つめ、春の到来をよろこぶ歌が並びます。なぜ古の人は、自然の生き生きとした姿にふれるたび、歌を詠んだのでしょう。暖かな日射しに、心もまた動き出すように。

○旬の野菜 わらび、ぜんまい

春の訪れを感じさせる山菜。おひたしや和え物にぴったりです。わらびは日当たりのいい草原などに群生し、三月～五月に出る新芽を摘んで食べます。ぜんまいの旬は三月～六月。山裾や沢沿いなどやや湿った場所に自生しています。

忘れずにひと手間を 山菜のあく抜き

わらびもぜんまいも、生のものを調理するときは、必ずあく抜きを。重曹や灰を全体にまぶし、熱湯をたっぷり注ぎます。一晩おいて水ですすげばＯＫ。

○旬の魚介

鰆　さわら

名前の通り、鰆は春の魚。旬は秋から春にかけて。古来日本では焼物、煮物、吸い物に、冠婚葬祭で重宝されてきました。とくに岡山で人気が高く「鰆の値段は岡山で決まる」といわれるほど。刺身にすれば、脂がのってトロに負けないおいしさ。照り焼きや西京焼なら、さっぱりした味に。コレステロール値を下げ、がんや動脈硬化の予防に一役買います。一般には魚は頭がおいしいとされますが、鰆はしっぽのほうが美味。

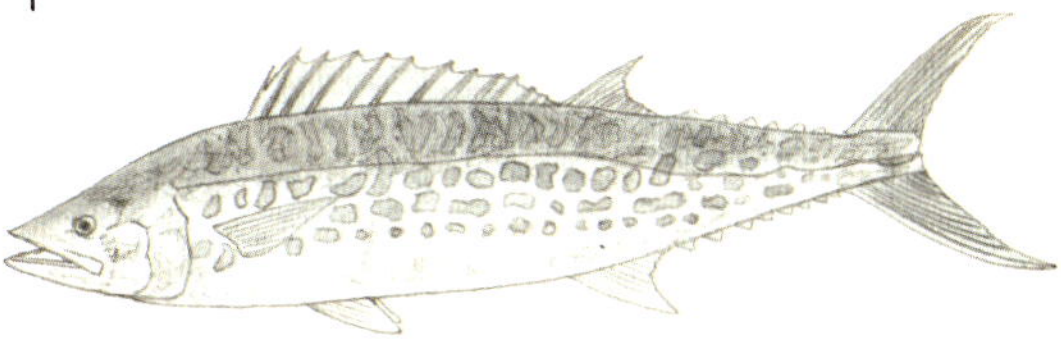

○旬の草花

菫　すみれ

日本に百種以上あるという菫は、昔から愛され、歌われてきました。濃い紫色の花びらの菫が思い浮かびますが、他にもさまざまな種類があります。やさしい色合いの、たちつぼすみれは北海道から沖縄まで見られる代表的な菫です。

山路来て何やらゆかしすみれ草　松尾芭蕉《ばしょう》

○旬の日

事始　ことはじめ

旧暦二月八日、新暦でいうと二月下旬〜三月中旬のころに、事始の日を迎えます。一年の祭事や農事をはじめる日で、旧暦十二月八日の事納《ことおさめ》と対をなします。お事汁《ことじる》を食べるのがならわしで、みそ汁に芋、ごぼう、大根、小豆、にんじん、慈姑《くわい》、焼栗、こんにゃくなどを入れるそう。

啓蟄

次候　桃始《ももはじ》めて笑《わら》う

桃のつぼみがほころび、花が咲きはじめるころ。花が咲くことを、昔は、笑うといっていました。（新暦では、およそ三月十日〜十四日ごろ）

候のことば

庭先の春

白梅が咲き、紅梅が、そして桃の花が、と庭先や垣根に次はどんな花が開くだろうと眺める楽しみは、春ならでは。桜や木蓮の枝先にも開花を間近にして、樹精が蓄えられる気配が感じられるころ。

一ぷくつけて
ぶらりと表へ出たら
桃の花が咲いていた

山之口貘《やまのくちばく》「桃の花」より

○旬の野菜

新たまねぎ

たまねぎの歴史は古く、古代エジプト時代まで遡ります。日本に入ってきたのは明治時代。春先に出回る新たまねぎは、みずみずしく甘みがあり、生食向き。目にしみる香味成分の硫化アリルは、胃の働きを活発にします。ポリフェノールを多く含むので、血液をさらさらにしてくれます。

○旬の魚介

さより

さよりは細長い身の、春の魚。寿司や天ぷらの高級素材ですが、焼いても美味、干物も美味。旬は晩冬から春、初夏まで。長い身を結んだ、昆布だしのお吸い物は、お祝いの席に。

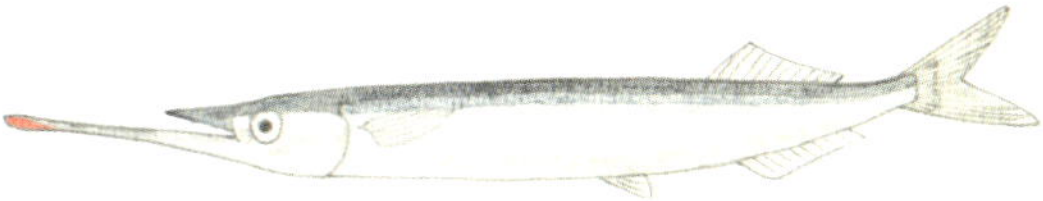

○旬の草花

桃

桃は、三月下旬〜四月上旬（旧暦三月三日ごろ）に開花します。庭木に適した品種は、源平桃や枝垂れ桃など。弥生時代の遺跡から桃の核が出土し、古くから日本にあったことがうかがわれます。

○旬の野鳥

かわらひわ

チュリリリと鳴いたり、チュイーッとさえずったり。すずめほどの大きさで、全体は黄褐色ですが、羽を広げると翼のきれいな黄色が映えます。

○旬の行事

春日祭

かすがまつり

三月十三日に奈良の春日大社で、古い歴史を持つ例祭（一年でもっとも大事な祭）が行なわれます。春日大社は、藤原氏の氏神で、嘉祥二年（八四九年）に祭がはじまったと伝えられ、明治十九年にいまの形に復興されました。三勅祭《さんちょくさい》（葵祭《あおいまつり》、岩清水《いわしみず》祭《さい》、春日祭）のひとつ。斎女《いつきめ》の河頭《かとう》の祓《はらい》や大和舞《やまとまい》など、古式の故事をよく残しています。

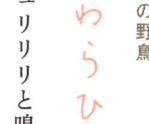

啓蟄

末候

菜虫蝶と化す《なむしちょうとかす》

冬を過ごしたさなぎが羽化し、蝶に生まれ変わるころ。やわらかな春の日を浴びて、羽がみずみずしく輝きます。
（新暦では、およそ三月十五日〜十九日ごろ）

候のことば

夢虫　ゆめむし

昔の人は、蝶のことを「夢虫」や「夢見鳥」と呼んでいましたが、その呼び名は古代中国の思想家、荘子の説話「胡蝶の夢」に由来するそう。蝶になる夢を見たけれど、本当の私は蝶で、いま人間になっている夢を見ているだけではないか、という話です。夢と現《うつつ》が混じり合う幻想的な蝶のイメージは、昔もいまも変わりありません。

不知周之夢為胡蝶与　胡蝶之夢為周与
荘子《そうし》「胡蝶の夢」より
（夢の中で蝶なのか、蝶の夢の中なのか……）

○旬の虫

やまとしじみ

本州以南に生息する小さな蝶。冬を幼虫で過ごし、春から秋にかけて見かけます。幼虫のえさはかたばみの葉。名前の由来は、羽を開いたようすが、しじみ貝を開いたように見えるからとか。

○旬の魚介

青柳　あおやぎ

二月〜四月が旬。江戸前には欠かせない貝で、身は寿司ネタに、貝柱は天ぷらにうってつけ。別名はバカガイとも。

選び方は、むき身なら身の色が濃いオレンジでやせていないものを、殻つきならずっしり重みのあるものを選びましょう。

○旬の野菜

葉わさび

さわやかな辛みを持つ葉わさびの旬は三月〜四月です。水洗いして、三センチほどに切り、ザルに入れて沸騰したお湯をサッとかけます。それをタッパーなどの容器に移してよく振ると、葉が叩かれて辛みが増します。風味が抜けないようにビンに詰め、味を見ながらしょうゆをかけて、葉わさびのしょうゆ漬け、できあがり。

○旬のメモ

トマトとしそのサラダ

春先には、花粉症予防に働くといわれるリコピンたっぷりのトマトと、アレルギーをやわらげるしそをサラダにしては。しそに含まれるロズマリン酸がアレルギーを抑えてくれるそう。

○旬の草花

かたばみ

古くから親しまれ、家紋にも用いられる花。夜になると葉を閉じて眠りにつき、葉の片方が欠けているように見えることが、名前の由来になったそう。

○旬の日

十六団子の日

三月十六日は、田の神さまが山から里へ下りてくる日で、十六個の団子をつくってもてなしました。田の神荒れといって、この日は天候が荒れやすく、神さまに出くわさないよう、田んぼに行ってはいけないことになっていたとか。

春分《しゅんぶん》

春分とは、太陽が真東から昇り、真西に沈む日のこと。昼と夜が同じ長さになる春分の時期を二十四節気の大きな節目のひとつとします。

春のお彼岸

春分の日を中日に、前後三日を含めた七日間が、春のお彼岸です。先祖の霊を供養する仏事が行なわれる日ですが、日本では古来このころに農事始の神祭をしていたそうで、仏教に縁のない固有信仰の行事も多いとか。たとえば北秋田地方では、万燈日《まんどうび》といって、子どもたちが藁を集め、丘の上で火を焚くそうです。「暑さ寒さも彼岸まで」といわれる通り、だんだん過ごしやすい季節になってきます。

毎年よ彼岸の入に寒いのは

正岡子規

春分

初候　雀始めて巣くう

すずめはじめてすくう

雀が枯れ草や毛を集め、巣をつくりはじめるころ。瓦の下や屋根のすきまなど、ひょっこり顔をのぞかせます。
(新暦では、およそ三月二十日〜二十四日ごろ)

候のことば　暁と曙

夜が明けようとしているが、まだ暗い時分のことを春暁《しゅんぎょう》といいます。万葉の時代には、あかときといい、平安以降、あかつきに変わったとか。曙《あけぼの》は暁よりやや時間的に遅れ、夜がほのぼのと明けようとするころのこと。

春はあけぼの。
やうやう白くなりゆく、山ぎは少しあかりて、
紫だちたる雲の細くたなびきたる。

清少納言『枕草子』第一段より

○旬の野菜　蕗　ふき

蕗の旬は四月〜六月。数少ない日本原産の野菜です。各地の野山に自生していますが、食用とされるのは愛知産の早生《わせ》ふきが主。あおあおしい独特の風味も、ほろ苦さも、春ならでは。葉は緑が濃く、黒ずみのないものを、茎は適度な太さで、赤みがかったものを選ぶのがこつ。

ちなみに、アイヌの伝承に登場する小人コロポックルとは「蕗の葉の下の人」という意味だそう。

○旬の魚介

帆立貝　ほたてがい

旬は産卵をひかえる冬から春にかけて、とくに三月ごろが美味。名前の由来は、殻が開いたときのようすが、帆を立てた舟に似ているからだとか。

ほっくり海の幸　帆立のバターしょうゆ焼き

帆立貝の殻を片方外して網にのせ、火にかけます。焼けてきたらバターを入れ、しょうゆをたらし、バターが溶けたらできあがり。

○旬の草花

関東たんぽぽ

三月〜五月ごろ花を咲かせる関東たんぽぽ。花の形が鼓のように見えるからと「タン、ポン、ポン」と鳴る音が名前の由来になったといいます。日本在来種は、この時期だけ花を咲かせます。

○旬の野鳥

ひばり

春の空高くさえずるひばり。その鳴き声には種類があり、舞い上がるときの「上り鳴き」、上空ではばたきながら留まって鳴く「舞鳴き」、降りるときの「下り鳴き」のそれぞれで鳴き方が異なります。とくに舞鳴きでは、いくつもの声のパターンを組み合わせながら長時間さえずり続けます。鳴き方の上手、下手もあるのだとか。

春分

次候 桜始めて開く《さくらはじめてひらく》

その春に初めて桜の花が咲くころ。古来、人は桜を愛で、数々の歌を詠んできました。（新暦では、およそ三月二十五日〜二十九日ごろ）

候のことば

山桜と染井吉野《そめいよしの》

山ざくらをしむ心のいくたびか
散る木のもとに行きかへるらん

周防内侍《すおうのないし》

（山桜が散るのを惜しむ心は、いったい幾度、散る木のもとへ思い馳せることだろう）

いまやお花見の桜といえば、染井吉野がほとんどですが、実は比較的新しい品種で江戸時代につくられたもの。それ以前は桜といえば、山あいにほんのりと咲く山桜のことでした。花は一重で、紅を帯びています。吉野山の山桜がつとに有名で、歌に多く詠まれています。

○旬の魚介

さくらえび

その名の通り、さくらえびの旬は桜のころ。透明な体に光があたると、赤い色素が透き通って桜色に見えます。海鮮丼や軍艦巻、かき揚げなどが美味。また、さくらえびの仲間アキアミの塩辛は、キムチの味つけなどに欠かせません。

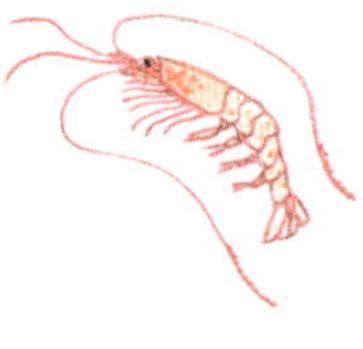

○旬の野菜

アスパラガス

春〜初夏がアスパラガスの旬。ヨーロッパでは紀元前から栽培され、日本では明治のころから食卓に広まっていきました。カリウムやマグネシウムの吸収をよくし、疲労回復を助けるアスパラギン酸を多く含みます。しなびやすいので、保存するときはラップに包んで冷蔵庫に。

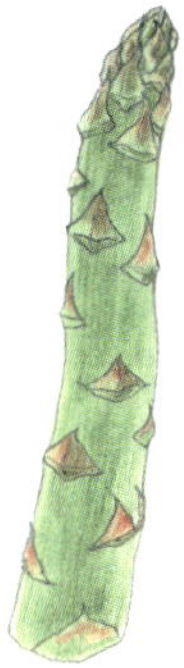

○旬の草花

こぶし

こぶしは、たくさんの白い花を梢に咲かせます。開花時期は早春で、三月中旬〜四月中旬。別名を田打《たう》ち桜《ざくら》といい、こぶしの花が咲いたら、田打ちをはじめ、稲の種蒔きをする、などと農作業の目安とされていました。

○旬の味覚

桜餅

あんの入った餅を、桜の葉の塩漬けで包んだもの。小麦粉などの皮であんを巻いた関東風と、もち米を使った道明寺粉の皮の中にあんを詰めた関西風があります。ほのかな桜の香りを楽しみながら、しみじみ春を感じる和菓子です。

○旬の行事

吉野花会式《よしのはなえしき》

桜が花盛りを迎えるころ、毎年四月十一日、十二日には金峯山寺《きんぷせんじ》の蔵王堂《ざおうどう》で、吉野山の桜を神前に供える花会式が行なわれます。御供撒《ごくま》きといって、千本搗《せんぼんづ》きで搗いた餅を参拝者にふるまうならわしも。

春分

末候　雷乃声を発す《かみなりこえをはっす》

春の訪れを告げる雷が鳴りはじめるころ。
恵みの雨を呼ぶ兆しとして、よろこばれたそう。
(新暦では、およそ三月三十日〜四月三日ごろ)

候のことば

春雷　しゅんらい

春雷や煙草の箱に駱駝の絵　横山きっこ

夏に多い雷ですが、春に鳴るものを春雷と呼びます。ひと鳴り、ふた鳴りほどでやむ短い雷の音。とくに初めて鳴る春雷を初雷《はつらい》と、あるいは冬ごもりの虫を起こす、虫出しの雷とも。

雷が多くなる春から夏にかけての季節は、稲が育っていく時期と重なります。昔の人は、雷の光が稲を実らせると考えたとか。稲妻ということばは、稲の夫《つま》が語源とのこと。

○旬の野菜

うど

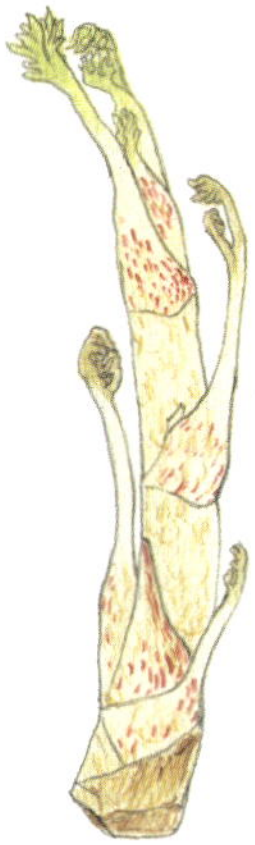

自生の山うどは三月〜四月ごろが旬です。東京で栽培される軟化うどは、江戸時代からの伝統野菜。やわらかい葉先は天ぷらにすると美味。選ぶときは、根元から葉先まで太くて、みずみずしいものを。うぶ毛がびっしりついているものが◎。

○旬の魚介

真鯛 まだい

お祝い事といえば、鯛。縄文時代の遺跡から鯛の骨が発掘されたり、平安時代の『延喜式』に朝廷への貢ぎ物として鯛のことが書かれていたり。江戸時代には、鯛が収穫されると真っ先に将軍家に献上されたとか。旬は春ですが、桜の時期も紅葉の時期もおいしい魚です。目の下一尺といわれ、体長四十〜五十センチほどが美味。

あつあつに舌鼓

鯛茶《たいちゃ》漬《づ》け

そぎ造りにした真鯛5切れを、しょうゆ・みりん各80cc合わせたものに1時間ほど漬け込みます。あつあつのごはんに漬け込んだ真鯛をのせ、熱湯を注ぎ、薬味やいりごまをまぶしていただきます。

○旬の草花

木蓮 もくれん

三月下旬〜四月にかけて、木蓮の咲く時期が訪れます。空へ向けて、てのひらを広げるように咲くさまが美しい花。白い花を咲かせる白木蓮《はくもくれん》や、紫の花をつける紫木蓮《しもくれん》があります。

○旬の日

エイプリルフール

一説によると、エイプリルフールのはじまりはヨーロッパ。かつては四月一日を新年として春の祭を開いていましたが、十六世紀フランス王シャルル九世が新年を一月一日にあらためます。人々がそれに反発して四月一日を「うその新年」と呼び、お祭にしたとか。うそか本当か、わかりませんが。

清明《せいめい》

清明とは、すべてのものが清らかで生き生きとするころのこと。若葉が萌え、花が咲き、鳥が歌い舞う、生命が輝く季節の到来です。

清明祭《シーミー》

沖縄では清明に、先祖供養のシーミー（または御清明《ウシーミー》）が行なわれます。もとは中国から伝わった風習で、親戚が集まり門中墓にお参りし、重箱料理や酒、花を供えます。供えた後は御三味《ウサンミ》と呼ばれる鶏肉、豚肉、魚を蒸したもの（地域や家族によっては三枚肉・昆布・かまぼこなどの重箱料理）をいただきます。泡盛を飲み、三絃《サンシン》を弾き、歌い踊って楽しむ行事です。

清明

初候 玄鳥至る《つばめきたる》

海を渡って、つばめが南からやってくるころ。また去年の巣に戻ってくるだろうかと気にかけたり。

（新暦では、およそ四月四日～四月八日ごろ）

候のことば

お花まつり

四月八日は、おしゃかさまの生まれた日、灌仏会《かんぶつえ》です。花の咲きにぎわう季節なので、誕生を祝う降誕会がお花まつりに。おしゃかさまが生まれたとき、空から甘露の雨が降ったという言い伝えがあることから、さまざまな草花で花御堂《はなみどう》をつくり、浴仏盆《よくぶつぼん》に誕生仏を置いて、その上へ甘茶を注いでお祝いします。この甘茶で墨をすり、「千早振る卯月八日は吉日よ神さけ虫を成敗ぞする」と書いて戸口に逆さに貼ると虫封じになる、という風習も。

○旬の魚介

初がつお

目には青葉山郭公《やまほととぎす》はつ鰹　山口素堂《そどう》

旬は年に二回。初がつおの春と、戻りがつおの秋。春は脂が少なくさっぱりした味で、たたきが◎。秋は脂があるので刺身に。縄文時代には硬く干したものが貴重な調味料でした。江戸っ子の好物で、あぶりや湯通しにしたものを刺身として食べたそう。

人気の初物　かつおのたたき

かつおに金串を打ち、皮に塩をふって、皮目を強火であぶって、身のほうはサッと。金串を抜い

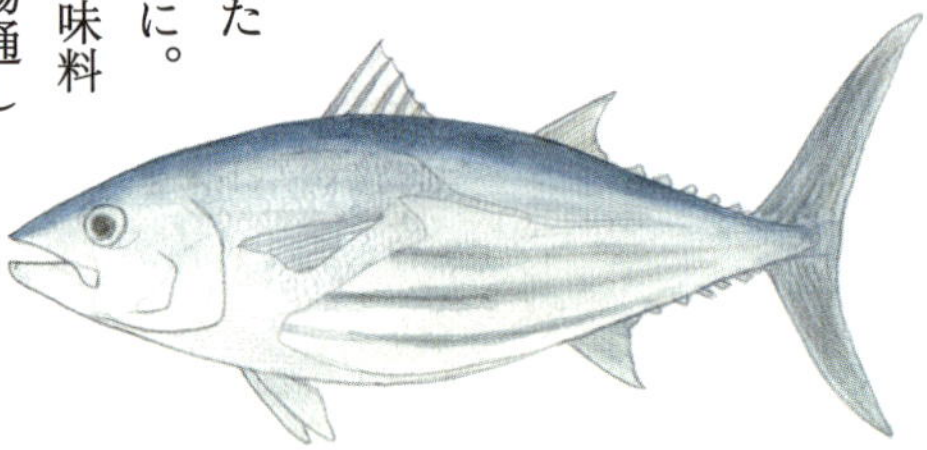

たら、刺身状に切ります。柚子《ゆず》にしょうゆ、しょうが、にんにくを合わせたものをかけ、ねぎをちらした身を包丁の背でトントンと叩いたら、できあがり。

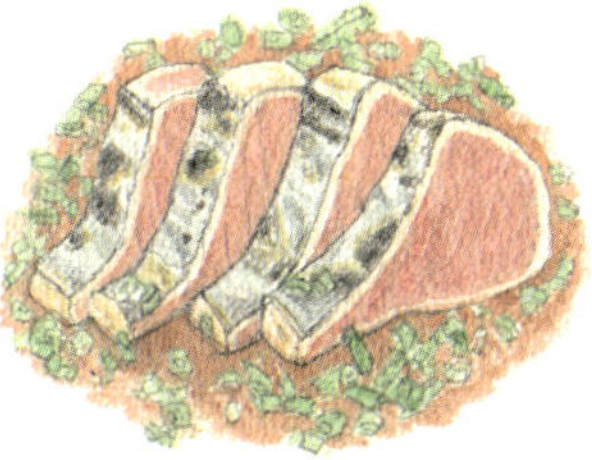

味の基本　かつおだし

香りが命の一番だし…水1ℓに昆布20gを弱火で加熱。沸騰寸前に昆布を取り出し、かつお節30gを一気に入れてサッと出します。沸騰後すぐに火を止めて、濾《こ》します。

煮物やみそ汁向きの二番だし…水1ℓに一番だしで使った昆布とかつお節を入れて10分ほど弱火で煮立て、新しいかつお節（追いがつお）10gを加え5分ほど煮、かつお節を濾し取ります。

○旬の野鳥

つばめ

冬を東南アジアで過ごしたつばめは、数千キロを越えて日本に渡ってきます。人家の軒下などを好んで巣をつくり、「つばめが巣をかけると、その家に幸せが訪れる」という言い伝えも。親鳥がひらりと巣に帰っては、ひなに餌をあげ、またたくまに飛び去ります。玄鳥《げんちょう》、乙鳥《つばくら》、天女《つばくらめ》……など春の使いの呼び名はさまざま。

○旬の野菜

行者にんにく

山で修行する行者が食べて精をつけたことから、その名がついたとか。旬は四月〜五月。北海道や近畿より北の山深くに自生します。生育に五年〜七年かかる稀少な山菜。抗がん作用のあるβ-カロテンが豊富で、ビタミンB_1の吸収を助けるため、肉や魚と一緒に食べると◎。北海道ではジンギスカン鍋でラム肉と食べます。

清明

次候　鴻雁北へかえる《がんきたへかえる》

日が暖かくなり、雁が北へ帰っていくころ。夏場はシベリアへ、また秋には日本へ渡ってきます。（新暦では、およそ四月九日～四月十三日ごろ）

候のことば

雁風呂《がんぶろ》

青森県津軽地方に伝わる民話にもとづく春の季語。秋に雁が海を渡ってくるとき、海面に浮かべて休むための小枝をくわえてきますが、浜辺に辿りつくとその枝を落とします。次の春には同じ枝を浜辺で拾って北へ帰るはずが、浜にはまだ残った枝が。それは、冬の間になくなった雁のもの。浜の人は供養のために、枝で焚いた風呂を旅人にふるまったのでした。

雁風呂や生木のやうな父の臑《すね》　柴田千晶

○旬の野菜

たらのめ

待ちわびる春の山菜のひとつが、たらのめ。たらの木の新芽です。とくに天ぷらが美味。葉酸を多く含むので、血行をよくします。またビタミンEが豊富で、アルコール性脂肪肝を抑え、酒の肴にもぴったり。穂先があざやかな緑で、さほど大きくなる前のものを選ぶのがこつ。旬は四月～六月上旬。

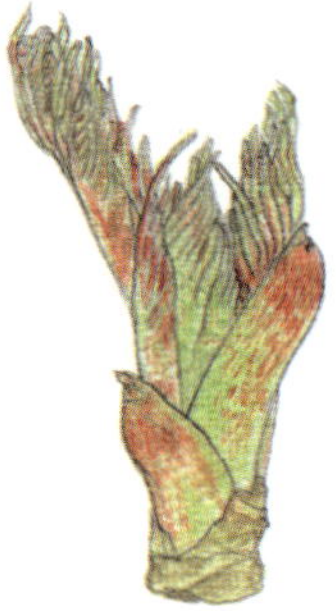

○旬の魚介

ほたるいか

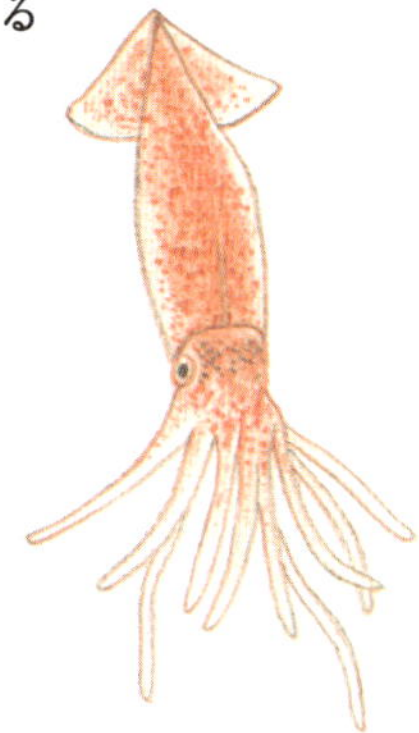

身が青白く光ることから命名された、ほたるいか。旬は一月〜五月。大群が海面近くに現われ、光をともす姿が見られる名所が、富山湾です。春の産卵期に岸に近づくほたるいかは、新月の夜、水面の高さがわからず波にさらわれてしまうことも。これを「身投げ」と呼び、富山の春の風物詩になっているそう。沖漬け（しょうゆ漬け）は風味や食感を味わえる定番。また浜茹でも◎。生で食べるのは胴と脚だけを。

○旬の兆し

鳥風《とりかぜ》

雁が群れをなし、薄曇りの空の下、北の海を渡っていく姿を眺めると、旅の厳しさに胸が締めつけられる思いがします。そんな春先の北国の曇り空を、鳥曇《とりぐもり》というそうです。また、鳥の群れがはばたく羽音が、風の鳴るように聞こえ、鳥風と呼ばれます。

○旬の行事

イースター

イースターは、イエスキリストの復活を祝う日。春分を過ぎて最初に訪れる満月の、次の日曜日です。ヨーロッパではクリスマスと同じくらい大切にされ、家族や親しい友達と一緒にごちそうを楽しみながらお祝いします。その中にはカラフルな色で染めたり塗ったりしたイースターエッグも食卓に並びます。本来は鶏の卵ですが、いまでは卵形のチョコレートになることも。

清明

末候 虹始めて見る

にじはじめてあらわる

春の雨上がり、空に初めて虹がかかるころ。これから夏にかけて、夕立の後に多く見られる季節です。
（新暦では、およそ四月十四日〜四月十九日ごろ）

候のことば

いろんな虹

虹が出ると
みんなおしえたがるよ

石垣りん「虹」より

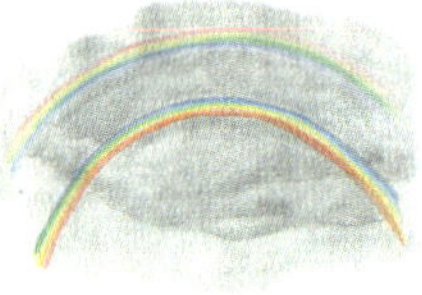

空に虹が二本かかっているのを見たことがありますか。虹は空の水滴が反射してできるもの。光が二回反射して、虹が二本になります。内側の虹は主虹《しゅにじ》、外側の虹は副虹《ふくにじ》。また、霧の中にかかる白い虹を白虹《しろにじ》、月明かりに浮かぶ淡い虹を月虹《つきにじ》といいます。

○旬の味覚

雨前茶　うぜんちゃ

中国では、清明が訪れる四月五日ごろより手前に摘んだ茶葉を、明前茶《めいぜんちゃ》といいます。さわやかな香りに、ほのかな甘みのある味わいで、日本でいう一番茶のようなもの。そして清明のころには雨前茶という、明前茶より味わいにボディーのある茶葉がとれます。また春分前に摘まれた茶葉は分前《ぶんぜん》茶《ちゃ》と呼ばれ、最上のお茶とされますが、気候が寒い年はとれないことも。雨後の虹が現われはじめるこの時期は、新茶の季節でもあります。

○旬の魚介

めばる

塩焼きや煮つけがおいしいめばる。三月後半〜五月が旬。唐揚げにするときは二度揚げすると、小骨まで食べられます。かつては庶民に広く親しまれていた魚でしたが、近年は穫れなくなり、希少価値がついてしまいました。目が黒く澄んでいるものが新鮮。体長二十センチくらいまでが脂がのって美味です。

○旬の野菜

みつば

野草を摘んで食べていたみつばを、栽培しはじめたのは江戸時代。根みつばは春に種を蒔き、冬に葉が枯れた後で土寄せし、翌年の春に葉が伸びてきたころ根つきで収穫したもの。三月〜四月が旬。いまは水耕栽培が盛んになり、通年出回る糸みつばも。香りがよく、食欲をそそる日本原産の菜。湿ったキッチンペーパーで根や切り口を巻き、全体を新聞紙で包み冷蔵庫で保存して。

○旬の木

小楢《こなら》

雑木林の代表的な落葉広葉樹。開花時期は四月〜五月ごろ。薪や木炭になり、村の暮らしを支えてきました。春に若葉が萌え、花を咲かせ、秋にはどんぐりを実らせます。地面に落ちたどんぐりからも、また芽生えていきます。

穀雨《こくう》

穀雨とは、たくさんの穀物をうるおす春の雨が降るころのこと。この季節の終わりには、夏のはじまりを告げる八十八夜が訪れます。

春の雨の名前

穀雨の名に込められているように、春の雨は、作物にとって恵みの雨です。それだけにこの時期には、さまざまな雨の名があります。穀物を育む雨を瑞雨《ずいう》といい、草木をうるおす雨を甘雨《かんう》といいます。春の長雨は、春霖《しゅんりん》。早く咲いて、と花に促す催《さい》花雨《かう》。菜の花が咲くころに降る菜種梅雨《なたねづゆ》。長く降りすぎて、うつぎの花が腐ってしまうほどという卯《う》の花腐《はなくた》しなど百穀をうるおす百の雨。

穀雨

初候

葭始めて生ず《あしはじめてしょうず》

水辺の葦が、芽を吹きはじめるころ。夏には背を伸ばし、秋には金色の穂が風になびきます。（新暦では、およそ四月二十日～四月二十四日ごろ）

候のことば

春《しゅん》眠《みん》暁《あかつき》を覚えず

このことばは「朝が暖かくなり、つい寝坊してしまった」というニュアンスでいわれますが、本当はちょっと違うとか。もともとは昔の中国、唐の時代の孟浩然《もうこうねん》という詩人が書いた詩の一節で、「夜明けが早く、いつのまにか朝が訪れるなんて、つくづく春だなぁ」という意味。長い冬を越え、朝の訪れが早まる春。めざめると鳥が鳴き、日が降り注ぐ、陽気に包まれた季節のよろこびに満ちています。

○旬の草花

チューリップ

品種によって、チューリップの開花時期は少しずつ変わります。三月下旬～の一番咲き。四月中旬～の二番咲き。四月下旬～五月の三番咲き。トルコ原生の花は、オランダで愛され、日本では新潟や富山で栽培がたいへん盛んです。ちなみにチューリップの歌は、昭和の初めに作詞家、近藤宮子によって生まれました。

○旬の野菜

新ごぼう

中国から薬草として入ってきたごぼうが、食用になったのは日本だけでした。旬は四月〜五月。水溶性の食物繊維がたっぷりで、低カロリーなので、生活習慣病対策にぴったりの野菜。とくに春の終わりから初夏にかけて九州あたりからとれはじめる新ごぼうは、やわらかくて食べやすい旬の味。きんぴらごぼうなど、もう一品の箸休めに◎。

○旬の魚介

鯵《あじ》

鯵の字の「参」の文字は旧暦三月（いまの五月）が旬だから、とも。春〜夏が旬の魚です。鯵の開きもおいしいですが、たたきが広まったのは伊豆だとか。たたきのはじまりは、漁師が船でとれたての鯵のはらわたを取り、みそを混ぜた簡素な料理「沖なます」とのこと。旬の握りも美味です。

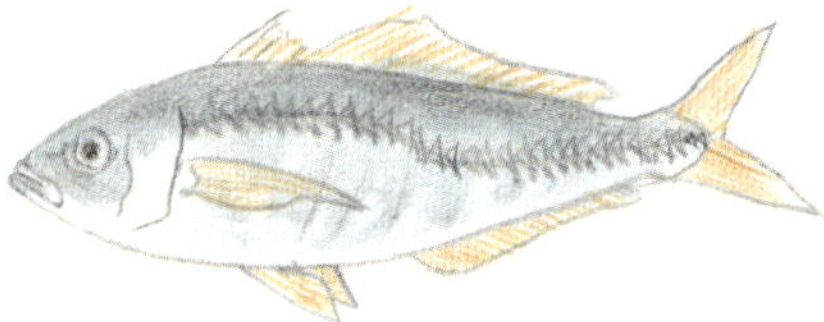

さっとできる人気の肴

真鯵のなめろう

鯵を三枚におろし、骨を抜き、皮を引きます。青じそ、みょうが、万能ねぎを刻み、真鯵も細かく切ります。酒とみりんを鍋で沸かしてアルコールを飛ばし、白みそを混ぜます。真鯵と薬味とみそをまな板の上で混ぜ、包丁でたたいてできあがり。

○旬の兆し

葦牙《あしかび》

葦の若芽のこと。春の川辺で、葦のとんがった若芽の先は、まるで牙のように水面に伸びてきます。水温《ぬく》む春を表わす季語。葦の角、葦の錐とも呼ばれます。

葦牙のごとくふたたび国興《おこ》れ　長谷川櫂《かい》

穀雨

次候　霜止んで苗出ず

しもやんでなえいず

霜のおおいがとれ、健やかに苗が育つころ。種籾《たねもみ》が芽吹き、すくすくと、あおあおと伸びていきます。

（新暦では、およそ四月二十五日〜四月二十九日ごろ）

候のことば

稲の種って？

お米というのは、稲の実のこと。その実を籾《もみ》というのですが、籾の殻をとると玄米になります。その玄米からさらに米ぬかの部分をとったのが、白米。もともとの実である籾を土に蒔けば、ちゃんと芽が出て稲が育ちます。秋に収穫された籾を、翌年の種にとっておいたものが、種籾と呼ばれる稲の種なんです。

苗代や家は若葉に包まれて　原石鼎《せきてい》

○旬の魚介

いとより

淡い紅色に黄と白の帯が走り、光沢のあるきれいな魚です。旬は春〜初夏。その白身は、上品で豊潤な味わい。関西では鯛に並ぶ、お祝いのごちそうです。皮に甘みがあり、刺身なら皮に熱を通した皮霜造りに。また昆布にのせて蒸し、ポン酢でいただくと絶品。

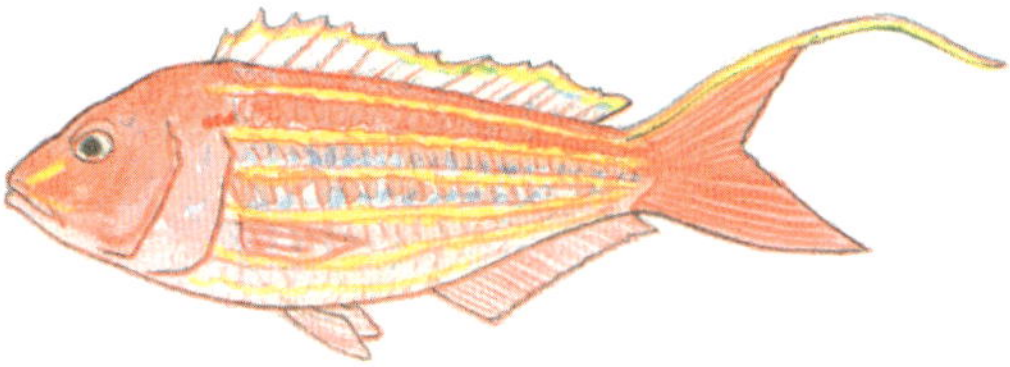

○旬の野菜

よもぎ

よもぎは草餅《くさもち》の材料になることから、モチグサという愛称のような別名も。

旬は四月〜八月。沖縄ではフーチバーと呼ばれ、苦みがまろやかで香りのいい、にしよもぎが薬味として活躍しています。ビタミン、ミネラル、食物繊維が豊富なよもぎは、おいしい薬草です。

○旬の味覚

草餅

すりつぶしたよもぎを混ぜた餅に、あんの入った和菓子です。野の香り豊かな、この季節ならではの甘味。

〈つくり方〉よもぎをよく洗い、沸騰した湯でさっと茹でます。冷水にさらし、細かく刻み、さらにすり鉢ですります。上新粉と白玉粉を混ぜ、熱湯を少しずつ加えながら粉をよく練り合わせ、適度な大きさの餅にして15分ほど蒸します。蒸した餅とよもぎを練り合わせ、中にあんを入れたらできあがり。

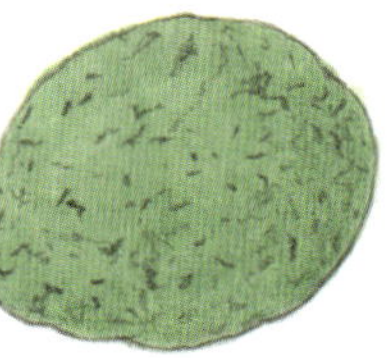

○旬の兆し

五《ご》風《ふう》十《じゅう》雨《う》

五日に一度風が吹き、十日に一度雨が降るような順調な天気のことをいいます。そこから転じて、世の中が平穏無事という意味も。この季節にかぎらないことばですが、春から初夏へと変わる、気持ちのいい陽気の時期にぴったりだと思いませんか？

穀雨

末候　牡丹華《ぼたんはな》さく

牡丹の花が咲き出すころ。中国では、牡丹は花の王さまというほど愛でられてきました。
（新暦では、およそ四月三十日～五月四日ごろ）

候のことば

八十八夜《はちじゅうはちや》

立春から数えて八十八日目の夜。もうすぐ初夏を迎える時期。米という文字は、八と十と八を重ねてできあがることから、縁起のいい農の吉日とされています。茶摘みの季節でもあり、八十八夜に摘んだ茶葉は、長寿の薬ともいわれたそう。香りやさしく、ほのかに甘みのする新茶は、きっと体にも心にもしみわたる美味にちがいありません。

むさし野もはてなる丘の茶摘かな

水原秋櫻子《しゅうおうし》

○旬の野菜

こごみ

くるくると渦巻き状に丸まっている草そてつの若芽が、こごみです。旬は四月～五月。やわらかくて、くせがなく、ぬめりのある食感がおいしい山菜。おひたしやごま和え、また、天ぷらにしても、旬の山の幸をぞんぶんに味わえます。

○旬の魚介

さざえ

つぼ焼きや刺身で食べるのがおいしいさざえ。旬は三月～八月。荒波にもまれて育つと、流されないように角がとんがり、静かな内海で育つと突起がほとんどないといいます。とはいえ角の有無は味に関係ないとか。さわるとギュッとふたを閉じる、活きのいいのを選びましょう。

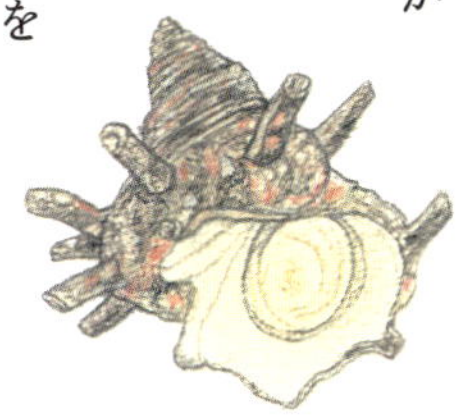

つまみに一杯　さざえのつぼ焼き

貝の汚れをさっと洗い、さざえの口を上にして網にのせ、直火に近い強火で焼きます。さざえのふたから汁が吹きこぼれてきたら、ひと息待って、しょうゆを口から注ぎます。もう一度吹き上がったら、できあがり。

○旬の草花

牡丹　ぼたん

華やかに咲く牡丹は、古の中国で人気を誇った花だそう。春牡丹の開花時期は四月～五月。

富貴草《ふきそう》、百花王《ひゃっかおう》、天香国色《てんこうこくしょく》など、ほめたたえる別名を数多く持っています。そんな牡丹は中国でも日本でも数々の詩歌にうたわれてきましたが、たとえば与謝蕪村《よさのぶそん》が好んで俳句の題材としています。

牡丹散つてうちかさなりぬ二三片　　与謝蕪村

○旬の兆し

八十八夜の忘れ霜

八十八夜は農の吉日で、農作業の目安とされてきました。種籾を蒔いたり、茶摘みをしたりする時期です。とはいえ、五月の初めにふいに冷え込む夜があって、霜が降ったら農作物が大変です。そろそろ霜がやむ時期だけれど、くれぐれも油断はしないようにと、八十八夜の忘れ霜といわれています。

夏

青空を見上げていたら、だんだん雲を近くに感じるような、そんな大きな自然に包み込まれる感覚が、夏という季節にはあるのかもしれません。そして胸に残るのは蝉時雨、風鈴、花火、祭囃子……。

草にねころんでいると
眼下には天が深い

風
雲
太陽
有名なもの達の住んでいる世界

山之口貘《やまのくちばく》「天」より

立夏《りっか》

立夏とは、しだいに夏めいてくるころのこと。あおあおとした緑、さわやかな風、気持ちいい五月晴れの季節です。

鯉のぼりの祭

五月五日は端午の節句。鯉のぼりの風習は、江戸時代からのこと。滝をのぼって龍になるという鯉の滝登りの逸話にちなんで、男の子の立身出世を願う武士の家々で鯉のぼりを掲げたそう。最近では川などにロープを張り、たくさんの鯉のぼりを風に泳がせる祭が全国的に見られます。その発祥は一九七九年にはじまった、熊本県杖立温泉の鯉のぼり祭りだとか。南は沖縄の国頭村から、高知の四万十川、群馬の万場町、石川の大谷川、福島の保原村など、子どもの健康を願う鯉のぼりが、五月の青空にはためきます。

立夏

初候 蛙始めて鳴く《かえるはじめてなく》

野原や田んぼで、蛙が鳴きはじめるころ。オスの蛙が、メスの蛙を恋しがって鳴く声だとか。（新暦では、およそ五月五日～五月九日ごろ）

候のことば

畦《あぜ》の蛙

田んぼの水辺からこんもり盛り上がっている畦。田と田の間の畦道を歩いていると、水面へぴょんと飛ぶ、小さな蛙がいるのに気づきます。人の気配におどろいて、畦の草むらから飛び出します。

一足ごとに畦からとび出す蛙。そのたびに子供は佇立し、又あわてて蛙のあとを追ったが、蛙はすべて巧みに彼をのがれて水田へ飛びこんだ。

永瀬清子「蛙」より

○旬の魚介

金目鯛《きんめだい》

大物は体長五十センチを超えるという金目鯛。釣りたては淡いピンク色で、しだいに赤くなります。旬は五月～六月、冬。大きいほど脂のりがよくて美味。煮付けや塩焼きはもちろん、刺身、しゃぶしゃぶ、カルパッチョにも。煮付けにするときは、脂が強いので、味付けはこってりと。皮目が赤くあざやかで、目が丸く透き通ったものが新鮮。

○旬の野菜

にんじん

免疫力を高めるカロテンたっぷりなのが、にんじんのうれしいところ。ただし、アスコルビナーゼというビタミンCをこわしてしまう成分があるので、加熱するか、生で食べるときはお酢と一緒に食べると◎。旬は四月〜七月、十一月〜十二月です。

○旬の草花

藤　ふじ

四月の終わりから五月の初めにかけて、花開き出す藤は、万葉集の昔から人の心を惹きつけてきました。藤のつるは、編むとかごやバッグができます。

藤波の咲きゆく見れば霍公鳥《ほととぎす》
鳴くべき時に近づきにけり

田辺福麻呂《たなべのさきまろ》

（藤が咲くのを見ていると、ほととぎすが鳴くころも近いのだな）

○旬の行事

端午の節句

端午の節句は、もともと中国の風習が日本にやってきたもの。中国では健康を願って菖蒲酒《しょうぶざけ》を飲んでいましたが、日本では菖蒲湯に。葉が香り立ち、茎が保温効果や血行促進になるそう。お湯を張るときから両方を束ねて入れると、香りもお湯も楽しめます。柏餅を食べるのは、日本で生まれたならわし。柏は新芽が出るまで葉が落ちないことから、家系が絶えない縁起物とされたそうです。またこの日に粽《ちまき》を食べるのは、古の中国の詩人、屈原《くつげん》を悼む故事に由来するのだそう。

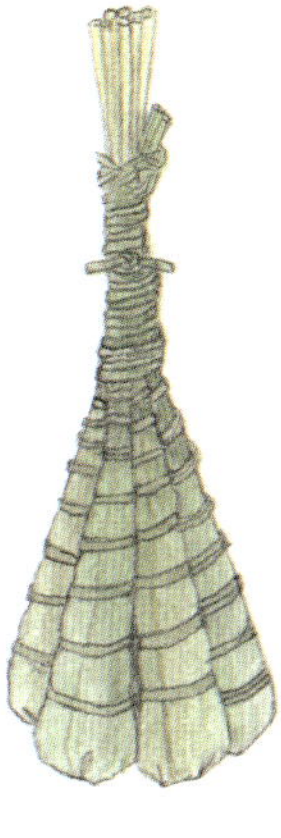

立夏

次候 蚯蚓出ずる《みみずいずる》

みみずが土の中から出てくるころ。土を肥やしてくれる、田畑の隠れた味方です。
（新暦では、およそ五月十日〜五月十四日ごろ）

候のことば

母の日

母の日は五月の第二日曜日。そもそもはアメリカから渡ってきた記念日です。母をなくした一人の女性が、追悼の会で列席者に白いカーネーションを配ったそう。それを知った大統領が、国の記念日に定めました。母の日には、母が健在な人は赤いカーネーションを贈り、母がなくなった人はお墓に白いカーネーションを捧げますが、いまでは母の好きな色のカーネーションを贈ることも。

○旬の魚介

いさき

初夏の魚といわれる、いさき。旬は五月〜八月で、夏に向けて脂がのってきて、食べごろです。塩焼きはもちろん、一夜干しも美味。旬を逃さず、握りで味わうのもおつなもの。厚みのある皮は、焼くと旨味がいちだんと増すので、まずは塩焼きがおすすめです。

○旬の果物

苺《いちご》

苺の旬は五月〜六月。一日十粒食べたら、ビタミンCをたっぷりとれてかぜ知らずです。そんな苺はフルーツと思われていますが、栽培上はなんと野菜！ 幼いころ、苺に砂糖とミルクをかけ、スプーンでつぶして食べたことはありませんか？ ヘタをとってから洗うと、大切なビタミンCが流れてしまうので、洗うときはヘタをつけたままで。

○旬の野鳥

ほおじろ

頬が白いことから名前に。一年中いる鳥ですが、四月〜七月に繁殖期を迎えます。見かけるのは、草原や田畑。澄み渡る独特の鳴き声で、高いところにとまって鳴いています。鳴き声に近いことばをあてはめる聞きなしでは「一筆啓上《いっぴつけいじょう》仕《つかまつ》り候《そうろう》」や「源平《げんぺい》つつじ白つつじ」などとされているほど。でも本当にそんな不思議な鳴き声に聞こえるでしょうか？ ちなみに五月十日〜十六日は愛鳥週間です。

○旬の行事

長良川《ながらがわ》の鵜《う》飼《か》い開《びら》き

千三百年の古い歴史があるという長良川の鵜飼い開きの日は、五月十一日。夜の川に、かがり火を舳先に焚いた鵜舟《うぶね》が何艘も現われ、舟上にいる鵜匠《うしょう》の巧みな手縄さばきで十羽〜十二羽の鵜を従えます。鵜たちが上手に鮎を捕えながら、鵜舟は川を流れ下っていきます。

おもしろうてやがて悲しき鵜舟かな

松尾芭蕉

立夏

末候

竹笋生ず

たけのこしょうず

たけのこが、ひょっこり出てくるころ。伸び過ぎないうちに、とれたてを味わいましょう。（新暦では、およそ五月十五日〜五月二十日ごろ）

候のことば

旅の日

松尾芭蕉が『おくのほそ道』へ旅立った旧暦の元禄二年（一六八九年）三月二十七日（新暦の五月十六日）にちなんで、この日を旅の日と。東京・深川の芭蕉庵を離れ、弟子の曾良《そら》を伴って、東北や北陸の地を訪れては句を詠んでいきました。五月は旅するのに気持ちのいい季節。

月日は百代《はくたい》の過客《かかく》にして行《ゆき》かふ年も又旅人也

松尾芭蕉『おくのほそ道』より

（月日は永遠の旅人であり、過ぎゆく年もまた旅人である）

○旬の野菜

たけのこ

たけのこごはんに、若筍煮、お吸い物、とれたては刺身にも。たけのこの旬が訪れると、芳しい野の香りやしゃっきりした歯応えに、今年もこの季節が来たんだな、とうれしくなります。もっとも出回っている孟宗竹《もうそうちく》という品種が春先の三月中旬から、日本原産の真竹《まだけ》が五、六月に旬を迎えます。選ぶときは、小ぶりでずっしり、切り口がみずみずしいものを。

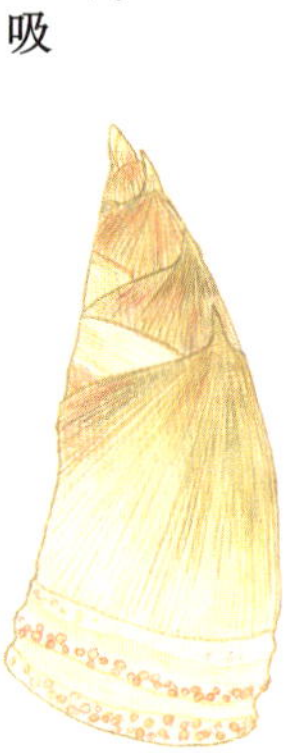

○旬の魚介

アサリ

さっぱりとしたお吸い物も、こってりとした酒蒸しもおいしいアサリ。旬は春が三月〜五月と、秋が九月。和洋を問わず、さまざまなメニューで活躍してくれます。春と秋の産卵期前が、最も食べごろ。鉄分やミネラルが豊富なので、貧血気味のときに◎。

鉄分も一緒に　たけのことアサリの炊込ごはん

たけのこの風味がふわっと香る炊込ごはんは、この季節の楽しみ。ミネラルが豊富なアサリと一緒に炊き込むと、たけのこだけでは不足しがちな鉄分を補ってくれます。

○旬の兆し

田水《たみず》張《は》る

田植え間近のころ、まだ土が出ている田んぼに、水を流し込んで水田にする作業を田水張るといいます。深く土を耕す田起《たお》こしをした後に水を張り、さらに苗を植えやすいように代掻《しろか》きという水の底の土をかき混ぜる作業をします。これで田植えの用意の整った代田《しろた》になります。

○旬の行事

葵祭《あおいまつり》

葵祭は平安時代に行なわれていた祭です。京都の賀茂御祖《かもみおや》神社（下鴨《しもがも》神社）と賀茂別雷《かもわけいかづち》神社の例祭で、五月十五日に行なわれます。路頭の儀と呼ばれる大行列は、平安貴族の装束に牛車まで。江戸時代に祭が再興されてから、行列には葵の葉が飾られるようになったそう。

小満《しょうまん》

小満とは、いのちが、しだいに満ち満ちていくころのこと。草木も花々も、鳥も虫も獣も人も、日を浴びてかがやく季節です。

恋文とキス

五月二十三日は、五（こい）二（ぶ）三（み）の語呂合わせで、ラブレターの日。そして日本で初めてキスシーンが登場した映画「はたちの青春」の封切り日（昭和二十一年（一九四六年））だから、キスの日でもあるそうです。ラブレターもキスも同じ日なんて、ずいぶんせっかちな恋のよう。

夕の月に風が泳ぎます
アメリカの国旗とソーダ水とが
恋し始める頃ですね

中原中也《ちゅうや》「初夏」より

小満

初候　蚕起きて桑を食う

かいこおきてくわをくう

蚕が、桑の葉をいっぱい食べて育つころ。美しい絹糸となる繭《まゆ》を、小さな体で紡ぐのです。

（新暦では、およそ五月二一日～五月二十五日ごろ）

候のことば

木の葉採《と》り月

ちょうどこの時期にあたる旧暦の四月には、木の葉採り月という別名があります。蚕のえさである桑の葉を摘むころ、という意味です。養蚕は戦前まで日本で盛んで、たくさんの桑畑が広がっていました。蚕は美しい糸をはいて繭《まゆ》をつくり、その繭から絹の糸がとれます。東北では蚕の神さまを、おしらさまと呼んでいました。

まゆひとつ仏のひざに作る也　　小林一茶

○旬の魚介

きす

漢字では魚偏に喜ぶと書く鱚《きす》は、江戸前天ぷらの代表格として江戸っ子に愛されてきた魚。旬は晩春から初夏にかけて。雪のような白身に脂がのって、握りでいただいても絶品です。

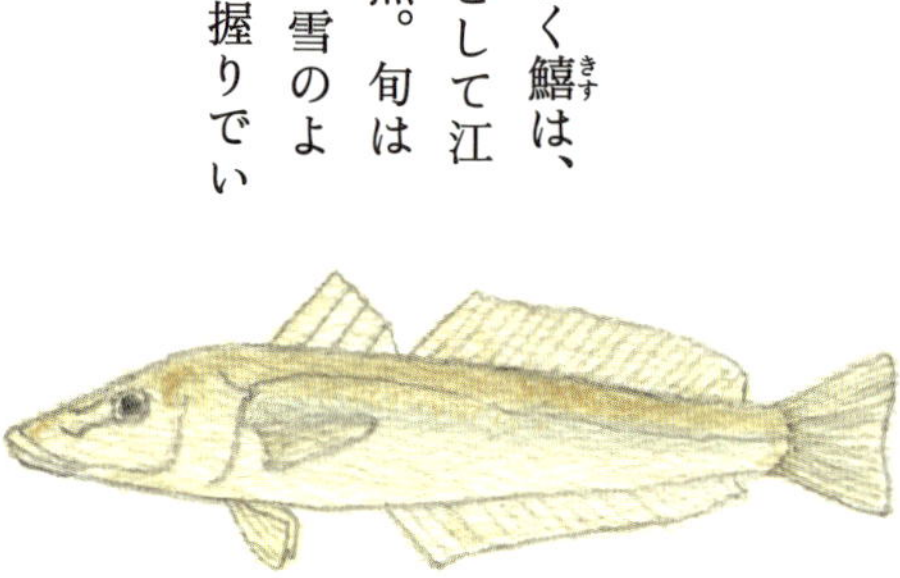

○旬の野菜

そらまめ

桜が咲いた二か月後が、その地方のそらまめの旬だそう。だからいちばんおいしいのは四月〜六月。鮮度が何よりなので、買ってきたらすぐに茹でます。塩茹でにしても、さやのまま焼いても◎。選ぶときはさやつきで、さやはすぐ黒ずむのでなるべく光沢があるものを。

○旬の虫

てんとうむし

背中に七つの斑点があるのは、ななほしてんとう。黄色いのは、きいろてんとう。あぶらむしや、うどんこ病の菌などを食べてくれる、てんとうむしは、人にはありがたい小さな味方。

○旬の兆し

田毎《たごと》の月

水を張った棚田《たなだ》の上に、ぽっかり月が浮かびます。なだらかな山の斜面に段々になって広がる大小の田んぼの水面に、月影が映し出されていくさまを、田毎の月と。長野県千曲市の姨捨《おばすて》は、棚田にきれいに月が映る名所。

○旬の行事

三社祭《さんじゃまつり》

お祭好きでにぎわう浅草の三社祭は、五月の第三金曜日から日曜日までの三日間。初日は、浅草芸者や田楽、手古舞《てこまい》や白鷺《しらさぎ》の舞などの名物大行列が登場します。三日目の最終日は、三体の本社神輿担ぎ。はるか昔に浅草寺のご本尊を祀った土師《はじの》中知《まつち》と、そのご本尊を川からすくい上げた漁師の檜前浜成《ひのくまはまなり》、竹成《たけなり》兄弟の三人が神さまとして、三つの神輿で担がれます。

小満

次候

紅花栄う《べにばなさかう》

紅花がいちめんに咲くころ。
化粧の紅がとれる花摘みは、ちくんととげに刺されながら。
(新暦では、およそ五月二十六日～五月三十日ごろ)

候のことば

五月《さつき》晴《ば》れ

昔は梅雨のことを、五月雨《さみだれ》と呼んでいました。旧暦の五月に降る雨だったからです。なのでその時期のどんよりとした雨雲を、五月雲《さつきぐも》と呼び、雨続きの日がふっと途切れて現われる、抜けるような青空を五月晴れといいました。ですが、いまでは新暦の五月のさわやかな晴れを、五月晴れと呼んでいます。かつてといまで、暦の変化に従い、ことばの意味も変わっていきます。

巣から飛ぶ燕くろし五月晴　原石鼎《せきてい》

○旬の魚介

クルマエビ

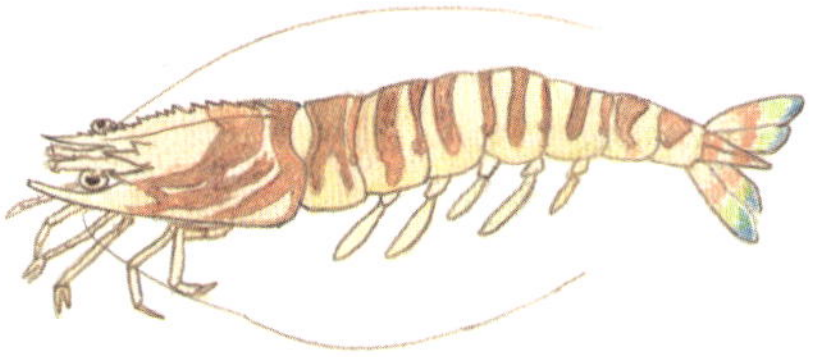

前候のきすと並ぶ、江戸前天ぷらの主役がクルマエビ。初夏が旬です。昔は内湾の浅瀬で天然物がとれ、帆船で網を引く打たせ網で漁をしたそう。生でも茹でてもおいしい素材。茹でたクルマエビは江戸で握りが生まれて以来のネタです。そんな伝統の茹でエビと、戦後生でも握るようになった「踊り」の二つの握りがあります。

○旬の野菜

しそ

しそは平安時代から重宝されてきたそう。青じそは、通年出回っていますが、本来の旬は初夏〜盛夏。赤じそは旬が短くて、夏の二か月くらい。薬味はもちろん、薬酒やしそジュースにしても美味。体を温める働きがあり、夏場の冷えに◎。青じそはイライラを鎮め、赤じそは花粉症対策に。葉先までピンと張り、みずみずしいものを選んで。

浸けて寝かせるだけ　**しそ酒**

青じそとホワイトリカーを保存ビンに一緒に浸けて、冷暗所で3か月寝かせたら、しそ酒に。飲むときは、はちみつなどを加えます。

○旬の草花

紅花　べにばな

黄色い花を咲かせ、紅の染料となる紅花。古くは和名を、呉藍《くれのあい》といいました。中国の呉の国からきた、藍色という意味。そこから転じて、くれない（紅）となったよう。紅花の花びらは上のほうに水に溶ける黄色の色素、下のほうに水に溶けない赤の色素を含んでいて、水にさらしては乾燥させながら、紅色にしていきます。

○旬の行事

潮干《しおひ》狩《が》り

暖かな初夏は、潮干狩り日和。アサリや青柳、シオフキなど、くまでで砂をほじくって、貝を見つけたらバケツに入れて。麦わら帽子を忘れずに。

小満

末候　麦秋至る《ばくしゅういたる》

麦が熟して、収穫するころ。
実りの季節を、麦の秋と呼びならわしました。
（新暦では、およそ五月三十一日〜六月四日ごろ）

○旬の魚介

べら

べらは関東ではあまり知られず、西日本、とくに瀬戸内海のあたりで親しまれています。旬は春から夏にかけて。白身はくせがなく、刺身でも美味。素焼きをしょうがじょうゆにつけて頬張るのも◎。べらの煮つけを一晩寝かせてから焼く、はぶて焼きは広島の郷土料理。

候のことば

衣替え

夏服への衣替えの時期。制服が切り替わった学生のころのほうが、大人になってからよりも季節の変わり目に敏感だったかもしれません。洋服ダンスも、冬服から夏服に入れ替えです。「この服はもう着ないかな」とか、「そろそろ新しい服が欲しいな」とか、そんなことにも気がつきながら。いまは六月と十月（南西諸島は五月と十一月）にしていますが、古く平安時代には旧暦の四月と十月に行なわれ、更衣《こうい》というならわしでした。

○旬の果物

びわ

桃栗三年、柿八年、びわは早くて十三年。皮をむいて、びわの実にかぶりつくと、ほんのり香り、甘みがします。旬は五月〜七月初旬。また、びわの木は大薬王樹と呼ばれ、昔から薬用になってきました。民間療法では、乾燥させたびわの葉を煎じるびわ茶は、免疫力を高めるとか。

○旬の野鳥

しじゅうから

四十雀と書いて、しじゅうからと読みます。「ツィピーツィツィピー」と高く澄んだ声で鳴く姿を、街中でも見かけられます。のどからおなかを通って尾羽まで、黒い縦縞模様があるのが特徴。初夏のころは、卵を生み、子育てをする時期にあたります。

○旬の兆し

麦嵐《むぎあらし》

刈り取りを待つ麦畑は、いちめん黄金色。そんな麦秋の時期に麦の穂を揺らし、吹き渡っていく風を麦嵐、あるいは麦の秋風といいます。また、このころ降る雨のことを麦雨《ばくう》と呼ぶそう。

麦嵐なぎたるあとの夕餉《ゆうげ》かな　萩原麦草《はぎわらばくそう》

○旬の日

路地の日

六月二日は六（ろ）と二（じ）で、路地の日。長野県下諏訪の「路地を歩く会」が路地のよさを見直そうとつくった日です。下諏訪は古くは、日本橋と草津を結ぶ中山道《なかせんどう》と、日本橋から甲府へ続く甲州街道が出会う宿場町でした。歴史のある街には、路地がつきもの。表通りからは見えてこない、街の素顔にふれる古きよき散歩道です。

田植え

田を耕して水を張り、麦の収穫を終えたのもつかのま、ほっとひと息つく前に、育てた苗を田植えする季節がやってきます。田植機が登場するまでは、数本ずつ束ねた苗をひとつひとつ手で植えていました。田の神さまに豊作を祈り、花笠姿の早乙女《さおとめ》が田植えするならわしがいまも続いています。

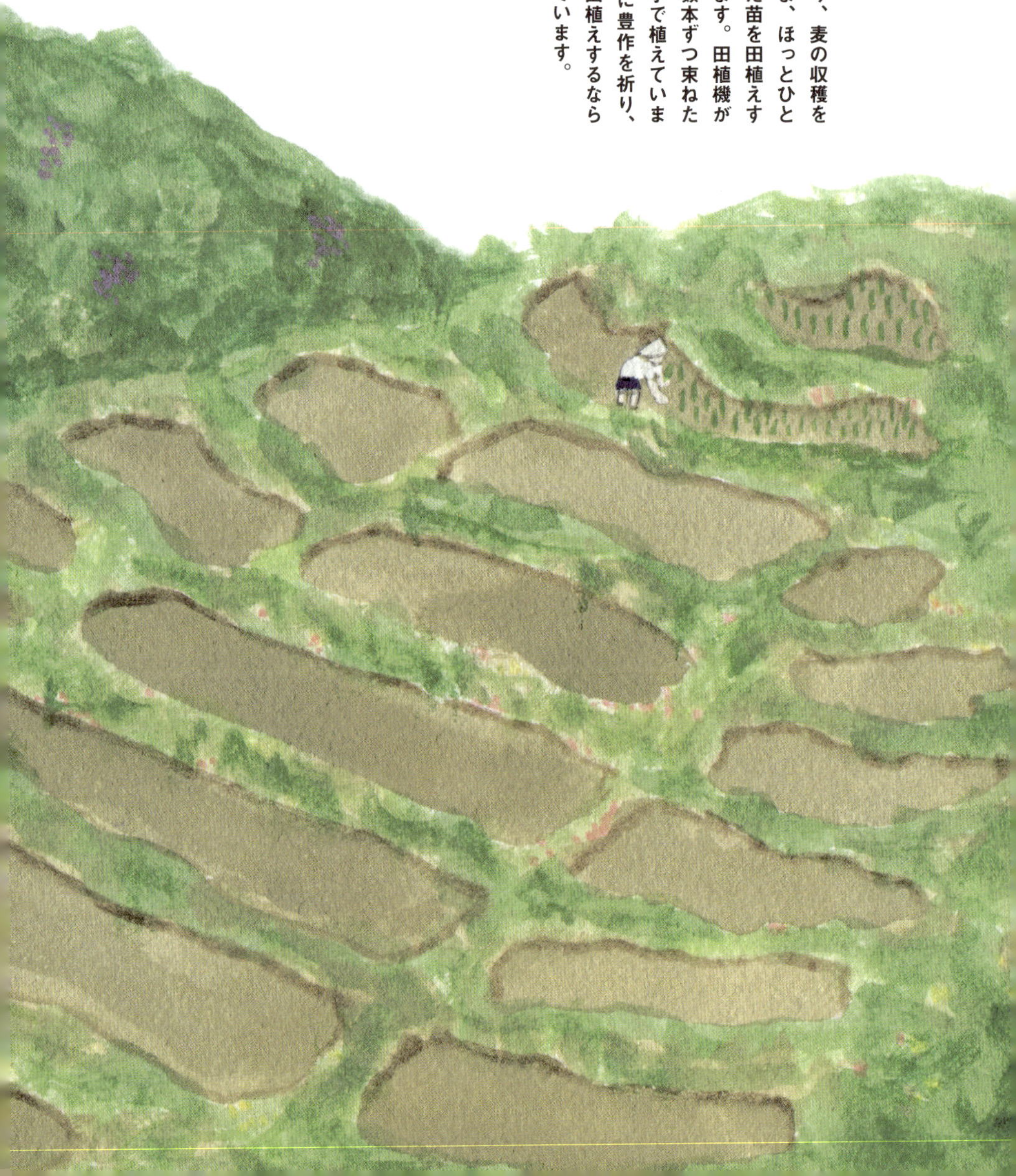

芒種《ぼうしゅ》

芒種とは、稲や麦など穂の出る植物の種を蒔くころのこと。稲の穂先にある針のような突起を、芒《のぎ》といいます。

芒種

初候　蟷螂生ず《かまきりしょうず》

かまきりが生まれるころ。
そろそろお気に入りの傘や長靴が活躍しそう。
（新暦では、およそ六月五日〜六月九日ごろ）

候のことば

農事暦とかまきり

畑仕事の目安になる七十二候に、かまきりが登場するのはなぜでしょう？　稲や野菜には手をつけず、害虫を捕まえてくれるからかもしれません。とはいえ、そんな人間の都合はおかまいなしに、かまきりにはかまきりの生態があるだけです。生き生きと。

おれの　こころも　かまも
どきどきするほど
ひかってるぜ

工藤直子「おれはかまきり」より

○旬の魚介

あいなめ

江戸時代には、殿さまの魚だったあいなめ。秋冬の産卵期前に、旨味がたっぷり詰まった夏が旬。鮮度が命で、活きのいいものを薄造りでいただくもよし、家で食べるなら煮物や木の芽焼きにするもよし。選ぶときは生きているものか、腹部に張りがあり、体の模様がくっきりして表面にぬめりがあるものを。

しょうゆと相性◎　あいなめの木の芽焼き

三枚におろしたあいなめを、皮を下にして身に

細かく切り込みを入れます。しょうゆ½カップ、みりん½カップ、酒¼カップを鍋で2分煮て、刻んだ木の芽と合わせ、タレを作ります。皮から焼き、火が通ったら、はけでタレを塗りながら焼き、さんしょうを振っていただきます。

○旬の野菜

らっきょう

平安時代に中国から伝わったという、らっきょう。旬は初夏〜夏。胃もたれや食欲がないなどの夏バテのときに◎。カレーのつけ合わせに、さっぱりしたらっきょうはぴったり。甘酢漬けや塩漬け、はちみつ漬けなどにして保存食に。

○旬の草花

苗代苺 なわしろいちご

苗代をつくる六月ごろに赤く甘い実が熟すことから、名づけられたそう。花は半開きまでで、開ききることはありません。

○旬の日

稽古はじめ

昔から芸事の世界では、稽古はじめを六歳の六月六日にすると上手になる、といわれています。指折り数えるとき、六はちょうど小指が立つので、「子が立つ」のは縁起がいいからとか。また世阿《ぜあ》弥《み》が記した能の指南書『風姿花伝《ふうしかでん》』には、芸をはじめるのは、数えの七歳（満六歳）からがいいとあります。ただし、言われてやるのでなく、自然とはじめるところに「得たる風体」があるとも。

芒種

次候

腐草蛍と為る《ふそうほたるとなる》

蛍が明かりをともし、飛びかうころ。
昔の人は、腐った草が蛍に生まれ変わると信じたそう。
（新暦では、およそ六月十日～六月十五日ごろ）

候のことば

蛍

蛍といえば、きれいな水辺に住む、源氏ボタルや、平家ボタルを思い浮かべるかもしれません。ですが、日本には四十種以上の蛍がいて、しかも沖縄には、約二十種の蛍が住んでいて、一年を通じて蛍に出会えるとか。雨上がりの夜、ガジュマルの林にふわりと舞う、蛍の光は幻想的。
ちなみに同じ源氏ボタルでも、光っては消える明滅の間隔が地方によって違います。関西では二秒に一回、関東では四秒に一回。理由はまだわからないそうです。

○旬の魚介

スルメイカ

酒の肴に欠かせないスルメイカ。旬は五月～九月ごろで、主産地は日本海。身を薄く二枚に切り、さらに細く切ったいかそうめんは、スルメイカが絶品。もち米を身に詰めて甘辛く煮た、いかめしで食感を楽しんだり、リング揚げや、イカとじゃがいもの煮物など、食欲をそそるおかずにしたり。わたは、しょうゆと酒で溶き、煮汁や焼きダレにも。

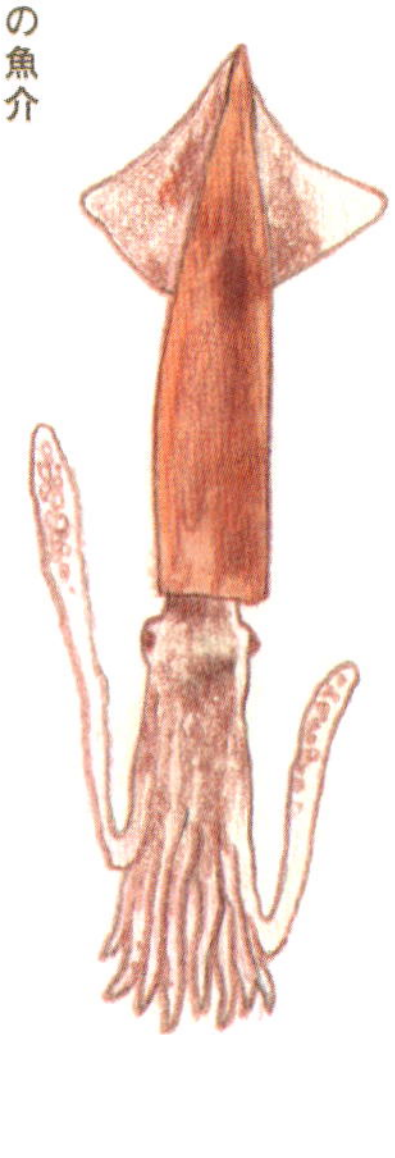

○旬の野菜

トマト

日を浴びて真っ赤に熟れるトマトには、冬から初夏にとれる冬春《とうしゅん》トマトと、夏から秋にかけてとれる夏秋《かしゅう》トマトがあります。一年を通じて出回りますが、初夏のトマトは味が濃く、糖度も高くて◎。これから夏にかけて、トマトのおいしい旬の季節です。

○旬の日

暑中見舞いの日

六月十五日は、初めて暑中見舞いはがきが発売された日。昭和二十五年（一九五〇年）のことでした。手書きの便りのうれしさは、暑い夏の一服の清涼剤のよう。知り合いみんなに送らなきゃ、とがんばらなくても、たとえば親しい友人に送ってみたらよろこばれそう。

○旬の行事

田植えの祭

六月の田植え時期には、全国各地で、田の神さまに豊作を祈る祭が行なわれます。大阪の住吉大社では、十四日に御田植神事《おたうえしんじ》があります。八人の神楽女《かぐらめ》による八乙女《やおとめ》の田舞《たまい》などの踊りや舞が奉じられます。また二十四日には、国の重要無形民俗文化財に指定されている、磯部の御神田《おみた》が、三重の伊雑宮《いざわのみや》で行なわれます。おおぜいの男たちが、御料田《ごりょうでん》の中で泥だらけになりながら竹を取り合う竹取神事《たけとりしんじ》が見ものです。

芒種

末候　梅子黄なり《うめのみきなり》

梅の実が熟して色づくころ。
季節は梅雨へ、しとしとと降る雨を恵みに。
（新暦では、およそ六月十六日〜六月二十日ごろ）

候のことば

暦の入梅《にゅうばい》

梅雨入りのことを、栗花落《ついり》とも。梅雨の季節に咲く花に、栗の花があります。しとしとと降る雨のなか、栗の花が咲き散ることから、この字をあてたそう。入梅ともいいますが、暦の上での入梅は、太陽の黄経が八十度に達する日とされ、六月十一日前後になります。

梅雨の月があつて白い花　　種田山頭火《さんとうか》

○旬の魚介

すずき

名前の由来は一説によると、すすいだように身が白いからとか。旬は六月〜八月で、夏の白身といえば、すずき。新鮮なものは、刺身や洗いに。切った身を氷水で洗うと、きゅっと縮んで独特な食感。体が銀色に輝いているものを選ぶのがこつ。

松江の名物　すずきの奉書焼き

厚手の和紙（奉書紙）を1枚準備できたら。す

毎年異なる日に行なわれる主な行事の今後十年間の日にち

本書の日にちの表記は、二〇一二年のものをおよその目安としていますが、丑の日や月見など、毎年日にちが変わる主な行事について、今後十年間の日にちをまとめました。どうぞご参照ください。

	土用の丑の日 ＊年によって二の丑があります	中秋の名月	十三夜
二〇一三年	七月二十二日（月）、八月三日（土）	九月十九日（木）	十月十七日（木）
二〇一四年	七月二十九日（火）	九月八日（月）	十月六日（月）
二〇一五年	七月二十四日（金）、八月五日（水）	九月二十七日（日）	十月二十五日（日）
二〇一六年	七月三十日（土）	九月十五日（木）	十月十三日（木）
二〇一七年	七月二十五日（火）、八月六日（日）	十月四日（水）	十一月一日（水）
二〇一八年	七月二十日（金）、八月一日（水）	九月二十四日（月）	十月二十一日（日）
二〇一九年	七月二十七日（土）	九月十三日（金）	十月十一日（金）
二〇二〇年	七月二十一日（火）、八月二日（日）	十月一日（木）	十月二十九日（木）
二〇二一年	七月二十八日（水）	九月二十一日（火）	十月十八日（月）
二〇二二年	七月二十三日（土）、八月四日（木）	九月十日（土）	十月八日（土）

ずきのうろことえらをとり、腹は開けずに内蔵をとります。ニガタマだけ除いたら、内蔵は腹に詰め直します。塩をすずき全体にふり、水にぬらした和紙で包みます。天火で蒸し焼きにし、ポン酢じょうゆやしょうがじょうゆでいただきます。

○旬の果物

梅

梅雨の訪れとともに、梅が実って旬を迎えます。生では食べないほうがよい梅ですが、完熟して、実が木から落ちるほどになったころの梅は、話が別。とろりとした果肉は甘く、すももや桃のよう。梅酒用には、まだ青く熟す前の梅を。梅干しや梅酢用なら、熟してきた実を。完熟した梅は、砂糖と一緒に煮るとおいしい梅ジャムに。

○旬の草花

すいかずら

昔は花を口にくわえ、甘い蜜を吸っていたことから、すいかずら（吸い葛）の名に。花が咲くのは五月〜七月。咲きはじめは白い花が、受粉すると黄色に変わります。すいかずらのつぼみは金銀花《きんぎんか》という生薬になりますが、白と黄の花が入り混じるようすを金と銀の花と呼んだとか。

○旬の日

父の日

六月の第三日曜日は、父の日。アメリカのワシントン州で、男手ひとつで育てられた女性が、父への感謝を、と提唱したのがはじまり。アメリカでは祝日になっています。贈る花は、バラとも、ユリともいわれますが、母の日のカーネーションほど決まったものはないようです。

夏至《げし》

夏至とは、一年でもっとも日が長く、夜が短いころのこと。これから夏の盛りへと、暑さが日に日に増していきます。

天然の明かりをともす夜

夏至と冬至の夜に、ろうそくの灯をともすキャンドルナイトの輪が広がっています。ろうそくの多くはパラフィンという石油素材ですが、日本でつくられてきた和ろうそくは、櫨《はぜ》の実や米ぬかなど天然の植物からとれるロウでできていて、いやな匂いがしません。電気を消して、天然の火をともしながら、夏至の夜を過ごしてみるのもいいものです。揺らいでは静かに燃え続ける炎を眺めていると、いつもより時間がゆっくり流れていくようです。

夏至

初候　乃東枯る《なつかれくさかれる》

うつぼぐさの*花穂《かすい》が黒ずんで、枯れたように見えるころ。その花穂は生薬として、昔から洋の東西を問わず役立ってきました。
（新暦では、およそ六月二十一日〜六月二十五日ごろ）

*花穂は、穂のような形で咲く花のこと。

候のことば

身近な薬草

うつぼぐさにちなんで、薬草のこと。まだ少し先ですが、夏にひりひり日焼けした首の後ろや腕などに、アロエの葉をさいて、ひんやり冷たい葉肉をあてると炎症を鎮めてくれます（ただ肌に傷があるときなどは、ようすを見ながらにして）。また、どくだみもこの時期の頼れる薬草。葉を揉んでつけると、おできやじんましん、やけどなどに。葉を煎じて飲むと、動脈硬化を予防し、お通じがよくなるそう。医薬品の開発にも、薬草たちが役立っています。

○旬の草花

うつぼぐさ

冬至のころに芽を出して、六月〜八月に紫色の花が花穂にいくつも咲きます。夏枯草《かごそう》とも呼ばれ、花穂を煎じて飲むと利尿や消炎作用が。また煎液はねんざ、腫れの塗り薬にも、うがい薬にも。英名はall-heal（すべてを癒す）。

○旬の魚介

鮎

塩焼きが夏の訪れを知らせる、鮎。六月に鮎釣りが解禁され、まさに夏が旬。川によって味が違うといわれ、きゅうりに似た独特の香りがすることから香魚《こうぎょ》とも。骨ごと食べられるので、カルシウムやリンを豊富にとれます。琵琶湖の鮎をさんしょうなどと煮たものは滋賀県の名産品。天ぷらも美味です。

○旬の果物

夏みかん

代謝をよくして疲れをやわらげるクエン酸も、美肌やかぜ予防、老化を抑えるビタミンCも、たっぷり詰まっている夏みかん。すっぱくて、香りがいいので、レモンの代わりにサラダにかけても◎。捨ててしまいがちな筋やわたには食物繊維などの成分が豊かです。皮を使うときは、ちゃんと熱湯にくぐらせてよく洗い、ワックスを落としましょう。

○旬の兆し

流し

房総半島から伊豆半島にかけての地方では、梅雨の季節に吹く湿った南風を、流しといいます。九州や四国では、梅雨そのものを、流しと呼ぶこともあるとか。またこの時期、茅花《つばな》の白い綿の穂に吹く風として、茅《つ》花《ばな》流しとも。

○旬の日

武井武雄の誕生日

六月二十五日は童画家、武井武雄の生まれた日。諏訪を訪れたら、ほど近い岡谷にあるイルフ童画館へ行ってみて。そこにひしめく不思議な武井武雄ワールドは、子どものころに胸踊らせたファンタジーの旅へと連れて行ってくれます。

夏至

次候

菖蒲華さく《あやめはなさく》

あやめが花を咲かせるころ。この花が咲いたら、梅雨到来の目安でした。（新暦では、およそ六月二十六日～六月三十日ごろ）

候のことば

晴耕雨読《せいこううどく》

梅雨のさなかのこの時期は、洗濯物は乾かないし、空は暗いし、なんだか気分が晴れません。六月末～七月初めは一年でもっとも雨が降る時期だとか。ですが、お気に入りのきれいな傘やレインコート、足もとを守ってくれるレインブーツがあると、それだけで外出の楽しみができます。また休日はあえて出かけず、家で音楽や読書を楽しむ日に。晴耕雨読を試してみると、意外なほどリラックスできて、心身のメンテナンスによさそうです。

○旬の魚介

かんぱち

脂がのっているかんぱちは、なんといっても刺身です。とろりとした脂を味わいつつも、くせがなく、さっぱりしています。旬は夏。ぶりの仲間でもっとも大きく、体長一・五メートルほどにもなるとか。体の黄褐色があざやかなものが新鮮。刺身でいただいて、残ったらしょうゆやみりんで一晩漬け込み、漬丼《づけどん》にするのもおつなもの。

○旬の野菜

みょうが

刻んでみそ汁に入れたり、そうめんの薬味にしたりと、みょうがは夏の食欲をひきたててくれます。食べると物忘れがひどくなる、という迷信がありますが、むしろみょうがの香味で集中力が増す働きがあるそう。

○旬の草花

あやめ

あやめは初夏に咲く、美しい紫の花です。いずれあやめかかきつばた、といわれるように、かきつばたや花しょうぶなどと似ていますが、あやめの花にある編目模様で見分けます。

○旬の兆し

青時雨《あおしぐれ》

初夏、あおあおとした木々の葉に降りたまった雨が、ぱたぱたと落ちてくることを青時雨といいます。ふとした拍子に、ひんやりした雨粒が、さわやかなおどろきをくれるひととき。ちなみに青嵐《あおあらし》とは、新緑の上をびゅうっと吹くいきおいのある風のこと。

○旬の行事

夏《な》越《ご》しの祓《はらえ》

六月と十二月には、罪や穢れを落とす祓えの行事があり、六月の大祓を夏越の祓、十二月を年越《としこし》の祓と呼んでいます。夏越の祓では、多くの神社に茅草《ちぐさ》でつくった輪が立てられ、茅《ち》の輪くぐりを行ないます。

夏至

末候　半夏生ず《はんげしょうず》

半夏（からすびしゃく）が生えはじめるころ。田植えを終わらせる、農事の節目とされています。（新暦では、およそ七月一日〜七月六日ごろ）

候のことば

祇園祭《ぎおんまつり》

京都の夏の風物詩、祇園祭は八坂神社の祭礼で、七月一日から一か月も行なわれる長い祭です。平安京で疾病が流行った貞観十一年（八六九年）に、無病息災を祈る儀式が行なわれたのが起源といわれます。最大の見せ場は、十七日の山鉾巡行《やまほこじゅんこう》。鉾や長刀《なぎなた》を立てた山鉾が、四条烏丸から京の町をめぐる一大イベントです。

○旬の魚介

はも

関東では料理屋の魚という印象ですが、関西では日々の食卓にあがるはも。梅雨入りから七月ごろが脂がのる旬。七月一日からはじまる祇園祭の間、旬が続くことから祭りはもと呼ばれることも。

○旬の野菜

おくら

夏のネバネバ野菜は、元気のもと。おくらに含まれるネバネバ成分は、免疫力を高めたり、ストレスで弱ったおなかの調子を整えたりしてくれます。同じネバネバ野菜の山芋と合わせて酢の物などに。またカレーの具や、バター炒めにも。下茹でして冷蔵庫に入れておけば、マヨネーズをつけてかじったり、刻んで薬味にしたり手軽です。

○旬の兆し

半夏雨《はんげあめ》

夏至から数えて十一日目が半夏生《はんげしょう》。田植えを済ませた農家が、休息をとる日です。この半夏生の日に降る雨を、半夏雨といいますが、この日の天気によって一年の豊作を占う習慣があったとか。田植えを終えた田んぼから天へ、田の神さまが昇っていくのが半夏雨になったとも。

○旬の日

半夏にちなんだ日

農家の忙しさがひと段落した半夏のころ、香川では田植えや麦刈りを手伝ってくれた人たちに、うどんをふるまい、労をねぎらうならわしがあったそうです。そんなわけで七月二日は、うどんの日となりました。また関西では、半夏にたこを食べる地方があります。そこで同じく七月二日がたこの日となりました。けれどたこの足が八本あることから、八月八日も、たこの日に。あれ？とも思いますが、おいしいものの日は何回あってもいいかな。

小暑《しょうしょ》

小暑とは、梅雨が明けて本格的に夏になるころのこと。この小暑から立秋になるまでが、暑中見舞いの時期です。

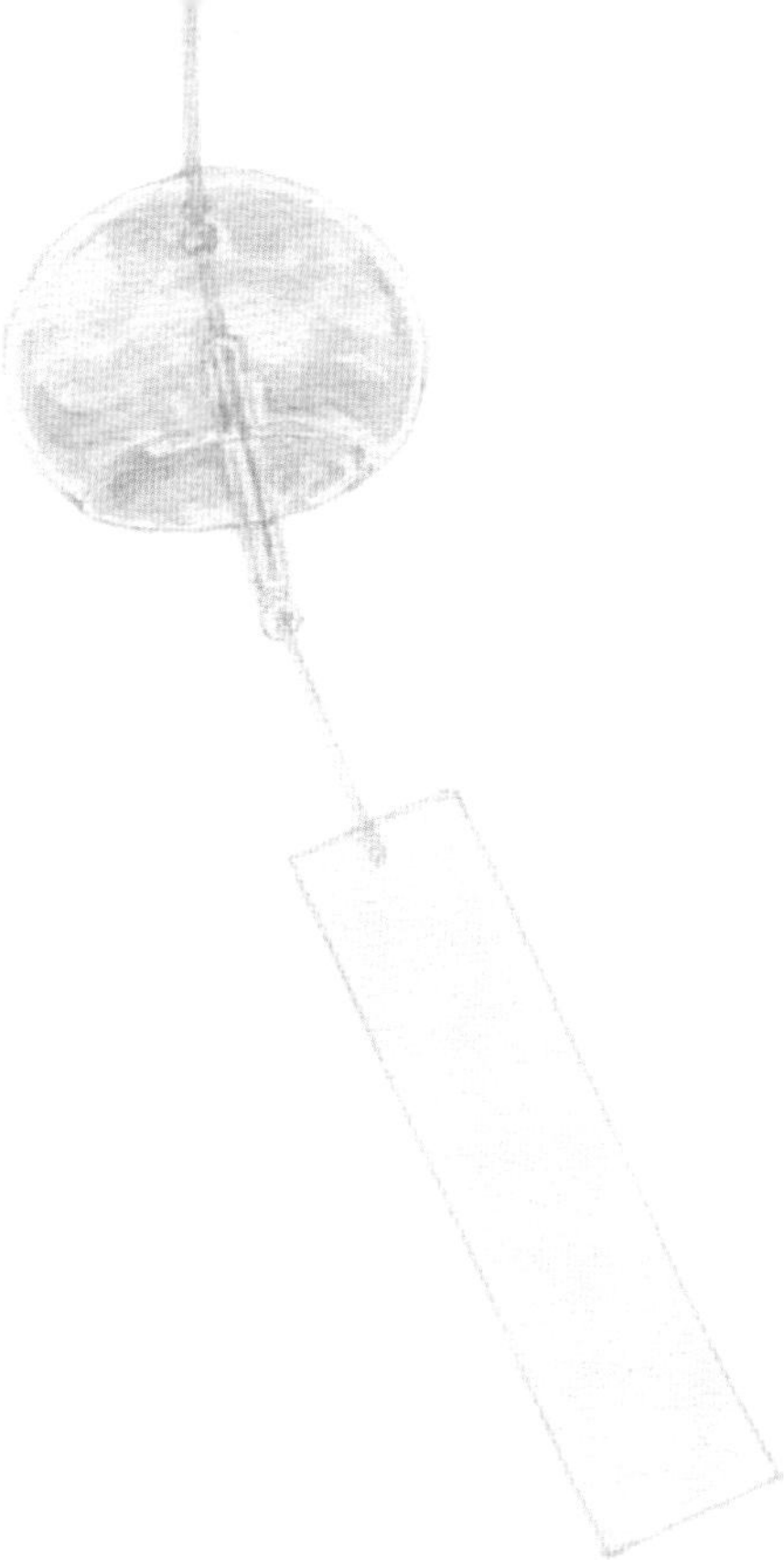

暑中見舞い

お世話になっている相手や親しい友人への、暑さをねぎらう便りは、もともとは直接訪問してあいさつしづらい遠方の人へのあいさつ状でした。それが遠方の相手にかぎらず、広く送られるようになったのは大正のころのよう。小暑までに出すのは梅雨見舞い、小暑から立秋までが暑中見舞い、立秋以降は残暑見舞い。ただ、小暑を過ぎてもまだ雨の日が続いているときは、梅雨明けを待って出すのがよさそうです。日付は書かず、〇〇年　盛夏と書き添えます。

小暑

初候 温風至る《おんぷういたる》

夏の風が、熱気を運んでくるころ。梅雨明けごろに吹く風を、白南風《しろはえ》と呼ぶそうです。（新暦では、およそ七月七日〜七月十一日ごろ）

候のことば

七夕

空から降ってくるほどの満天の星を見たことがありますか。梅雨空で見えないことが多いですが、乳をこぼした跡ともいわれる天の川の、きめこまかな星の群れは、夜空にきれいにかかります。天の川をはさんで、こと座のベガが織り姫の星、わし座のアルタイルが彦星の星。雨で川を渡れないときは、鵲《かささぎ》に乗って、ふたりは会いに行きます。

別るるや夢一筋の天の川　　夏目漱石

○旬の魚介

こち

夏を代表する昔ながらの高級魚。淡白でいて、上品な甘みのある白身は握りでいただいても美味。高タンパク、低脂肪なので夏バテ対策に◎。必ず夫婦一緒にいる魚で、オスかメスが一匹釣れると、もう一匹も釣れるとか。こちの夫婦仲にあやかって、七夕の献立にいいかもしれません。

いいだしが出て美味　こちのかけ飯

岡山の郷土料理。こちのアラを茹でて、身だけをほぐし取ります。こちの茹で汁に野菜と一緒

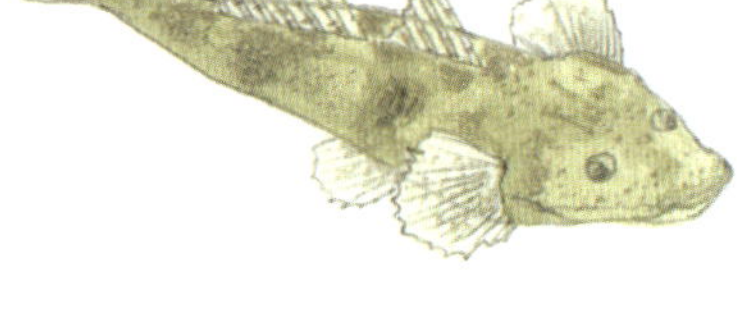

に入れ、しょうゆで味つけして、ごはんにかけたらできあがり。

○旬の野菜

沖縄の夏野菜

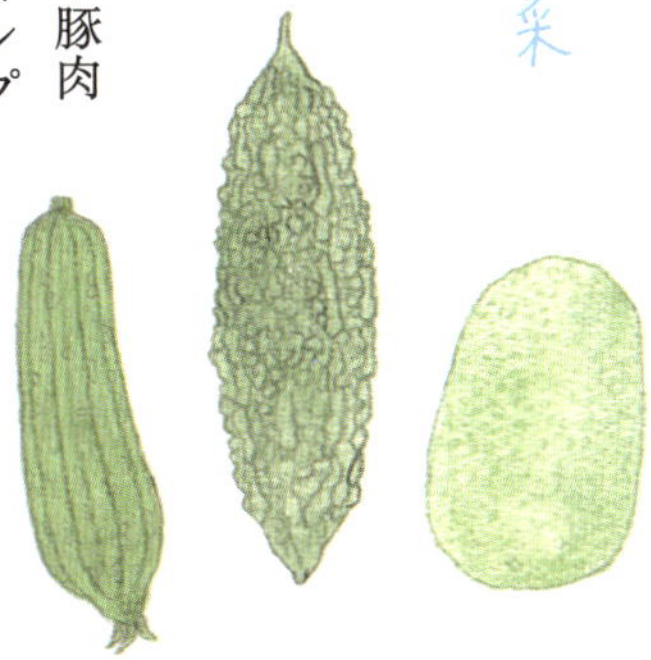

ゴーヤー、とうがん、へちまは夏バテに負けない沖縄の野菜。独特な苦みのあるゴーヤーは、豆腐や豚肉と炒めてゴーヤーチャンプルーにしたり、ピクルスにしたり。とうがんはスープにすると、さっぱりしたおいしさで、弱った胃にもやさしい味。へちまは沖縄ではナーベラーと呼ばれ、みそ煮にすると美味。これらの沖縄野菜はビタミンCが抜群に多く、カリウム豊富で疲れを癒してくれます。

夏バテにぴったり　**ナーベラーンブシー**

ナーベラー（なすでも可）をななめ切りにし、豆腐と豚肉はほどよい大きさに切ります。フライパンにごま油をしき、水切りした豆腐を炒め、豚肉、ナーベラーの順で炒めます。最後に水を入れ、みそ100g、砂糖大さじ2、酒大さじ2、みりん大さじ1を混ぜた汁を加えて煮込めばできあがり。

○旬の行事

ほおずき市

七月九日、十日に浅草寺で、ほおずき市が開かれます。七月十日は功徳日《くどくび》といって、この日に観音さまにお参りすると四万六千日分のご利益があるそう。ほおずきに、金魚すくい、風鈴、幼い子の虫封じの青いほおずきなどが市に並びます。

小暑

次候　蓮始めて開く《はすはじめてひらく》

蓮の花が咲きはじめるころ。夜明けとともに、水面に花を咲かせます。（新暦では、およそ七月十二日〜七月十六日ごろ）

候のことば

古代蓮《こだいはす》

「蓮は泥より出でて泥に染まらず」ということばの通り、清らかな姿が古来人を惹きつけてきた蓮。水底の地下茎から茎を伸ばし、水面に葉を浮かべ、花を咲かせます。蓮の実の皮はとても厚く、土の中で長い歳月、発芽する力を保ちます。一九五一年に千葉の落合遺跡で発見された蓮の実は、現代に花を咲かせましたが、約二千年前の弥生時代のものだそう。

○旬の魚介

かれい

夏が旬のかれいですが、冬の子持ちがれいも楽しみな魚です。煮つけ、唐揚げ、塩焼き、ムニエル。さっぱりした白身でおいしくいただけます。口が小さいので、おちょぼ、くちぼそなどの別名も。

○旬の野菜

とうもろこし

茹でたとうもろこしが食卓にのぼると、あざやかな黄色の実に夏の訪れを感じます。旬は六月〜九月。焼きとうもろこしの香ばしさや、かぶりついたときのみずみずしさは夏の味。ひげが多いほど粒ぞろいで、毛先が茶色いものが熟して甘いしるしです。

○旬の虫

アゲハチョウ

さなぎから孵ったばかりのアゲハチョウの羽はみずみずしく、光輝くほどあざやかな発色をしています。ひらひらと舞うアゲハチョウの中には、クロアゲハなど毎日ほとんど同じコースを飛ぶ蝶がいます。そのコースを蝶道《ちょうどう》といいます。

○旬の行事

迎え火

もともとのお盆は旧暦の七月十五日でしたが、いまも新暦の同じ日付でお盆をする地方があります。先祖の霊が訪れる七月十三日には、盆ちょうちんや灯籠などの迎え火をともして迎えます。また地方によって、きゅうりに割り箸などをさして馬に見立て、ご先祖を乗せて迎える精霊馬《しょうりょううま》をつくります。

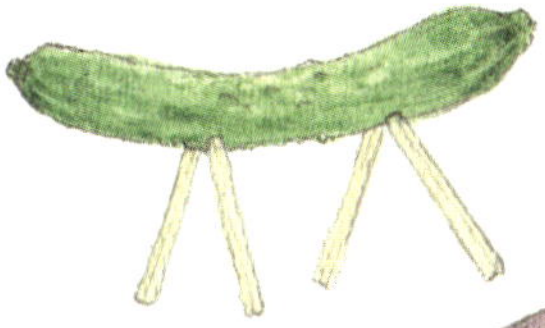

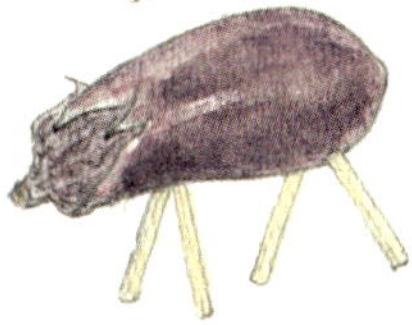

○旬の日

薮《やぶ》入《い》り

江戸時代には、小正月の一月十五日とお盆がある七月十五日の翌日、一月十六日と七月十六日は、薮入りといって嫁入り先からお嫁さんが、また奉公先から丁稚《でっち》や女中が実家に帰れる休日でした。奉公人は、主人から小遣いをもらい、帰省して実家のお盆や正月に加わったり、芝居見物をして羽を伸ばしたりしたそうです。

小暑

末候

鷹乃学を習う《たかわざをならう》

鷹のひなが、飛び方をおぼえるころ。巣立ちし、獲物を捕らえ、一人前になっていきます。

（新暦では、およそ七月十七日～七月二十一日ごろ）

候のことば

土用《どよう》入り

夏の土用は、立秋前の十八日間のことで、七月二十日ころに土用入りします。その土用の時期にある丑《うし》の日が、土用の丑の日。暑い盛りで夏ばてしないように、うなぎをはじめ、土用しじみ、土用餅、土用卵など精のつくものを食べる習慣が広まりました。年によっては丑の日が二回あり、それぞれ一の丑、二の丑と呼ばれます。また、土用入りは梅を干すころ。

土用鰻店ぢゅう水を流しをり　　阿波野青畝《あわのせいほ》

○旬の魚介

うなぎ

夏のごちそうといえば、うなぎの蒲焼き。ビタミンAやDが豊富で、ビタミンAは一串に大人三日分の栄養が詰まっています。夏やせによいと万葉集に登場するほど、昔から精のつく魚とされてきました。タレをつけず炭火で焼き、わさびじょうゆでいただく白焼きも美味。店先から漂う煙の匂いで、もう食欲が湧いてくるほど。ただ、土用のうなぎが人気ですが、冬眠を間近にして身に養分を蓄える晩秋から初冬

にかけてがもっともおいしい旬の時期。

○旬の野菜

モロヘイヤ

夏のネバネバ野菜としてすっかり定着したモロヘイヤ。旬は真夏。ビタミンもミネラルもたくさん詰まっていて、外食がちなときに食べると、栄養のバランスを整えてくれます。葉や茎をおひたしにしたり、刻んでみそ汁やスープに加えたり。ドレッシングやタレと混ぜて、冷や奴にのせるのも美味。

○旬の野鳥

ハチクマ

ハチクマはタカの一種で、初夏に日本を訪れて繁殖し、九月には東シナ海を経て東南アジアへ行く夏鳥です。名前の由来は、蜂を主食にしていることから。スズメバチやアシナガバチの巣を襲い、幼虫やさなぎを食べますが、スズメバチの鋭い針さえハチクマの硬い羽毛には歯が立ちません。ハチクマが悠然と海を渡り、山を越える姿は、鷹の渡りと呼ばれ、バードウォッチャーたちの愛好の対象になっています。

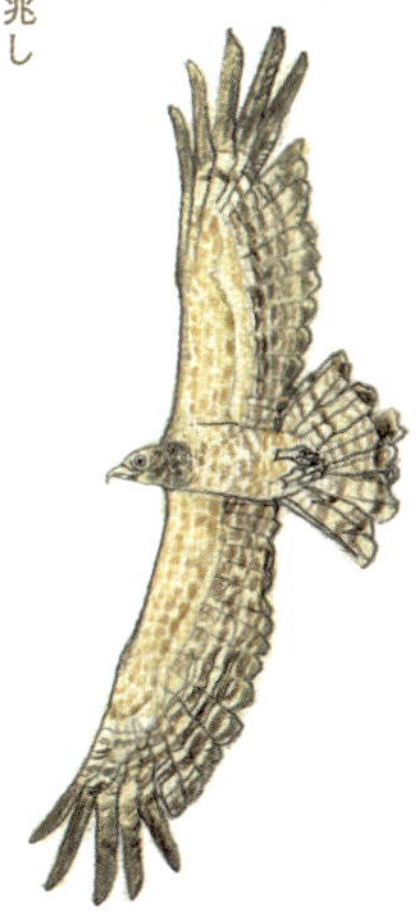

○旬の兆し

山背《やませ》

三陸地方に吹く、夏の冷たく湿った北東の風を山背といいます。山背が続くと稲が育たず、東北地方に凶作をもたらしてしまいます。宮沢賢治が手帳に書きつけた「雨ニモ負ケズ」の中にある「寒サノ夏ハオロオロ歩キ……」は、山背の吹く夏のことだという説も。

大暑《たいしょ》

大暑とは、もっとも暑い真夏のころのこと。土用のうなぎ、風鈴、花火と、風物詩が目白押し。

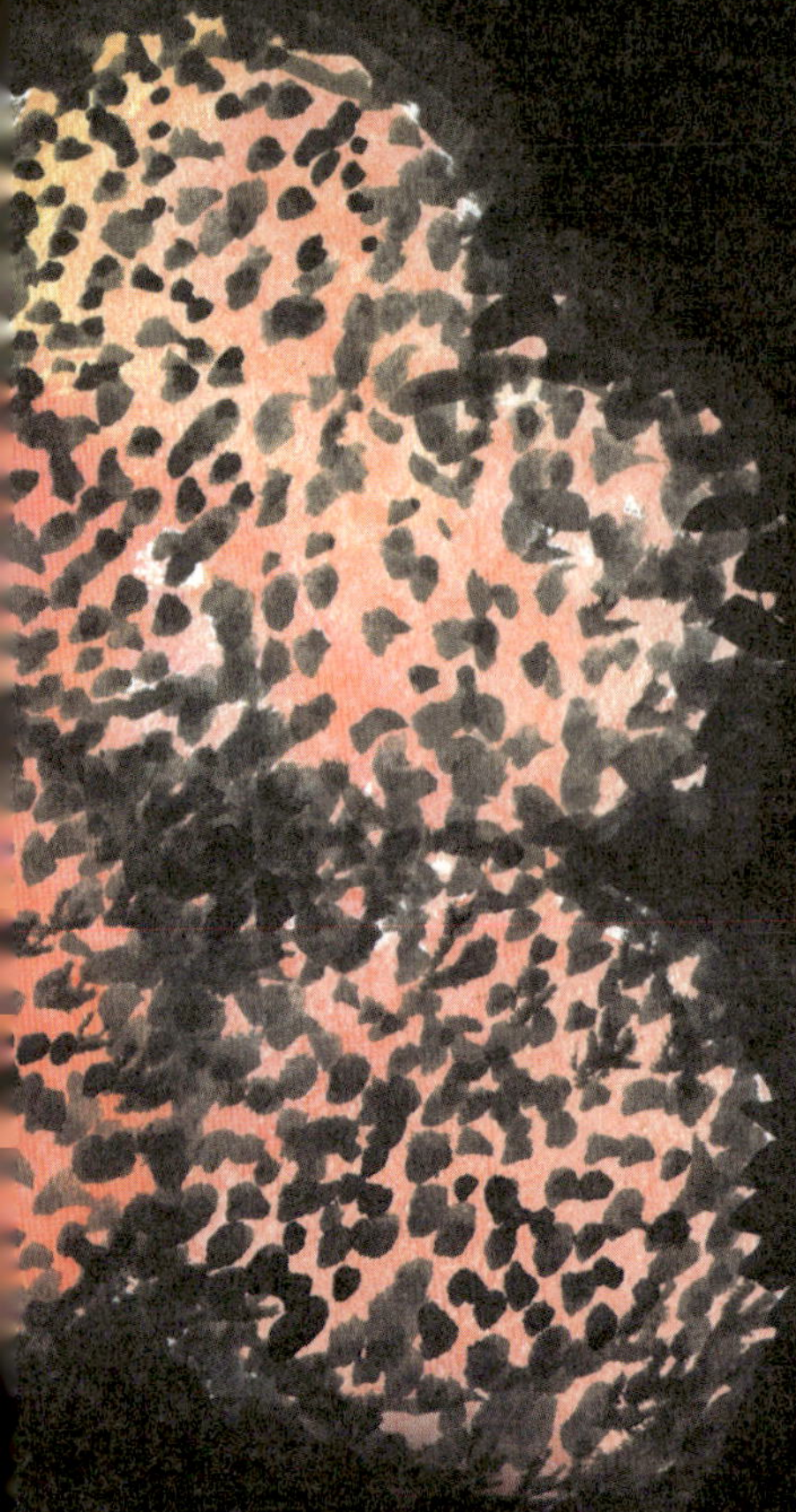

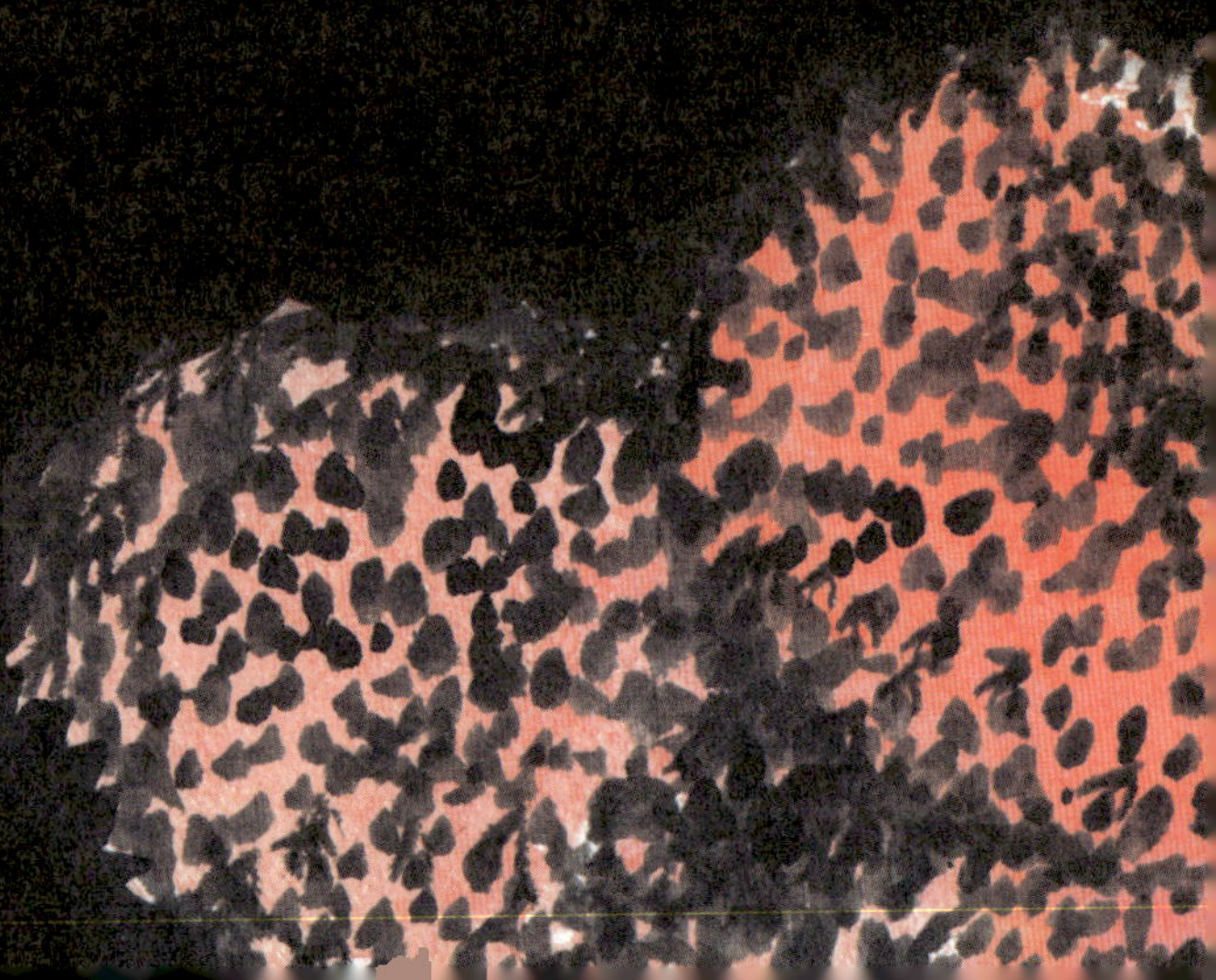

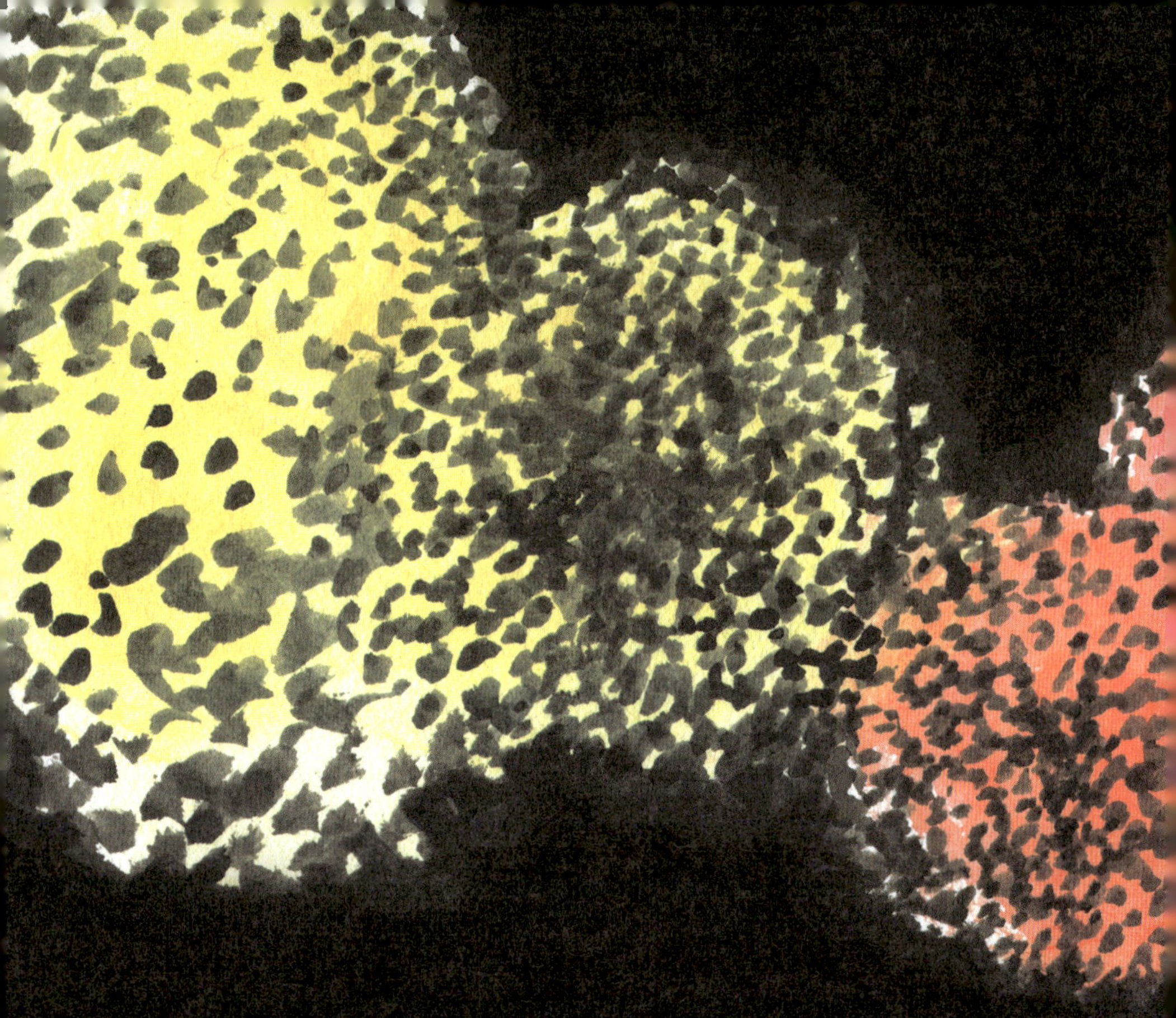

浴衣と蚊帳《かや》

浴衣のさっぱりとした着心地は、何よりの夏の涼ではないでしょうか。素足に下駄で出かけるのも、気持ちのいいものです。そんな浴衣を湯上がりに着るようになったのは、安土桃山のころとか。それが江戸時代に入り、普段着として広まっていきました。また夏の夜には、蚊を通さずに風を通す蚊帳を吊って眠ったものです。殺虫剤や網戸、クーラーが普及して、やがて蚊帳は使われなくなりましたが、電気も薬品も使わないので最近見直されてきています。

大暑

初候

桐始めて花を結ぶ《きりはじめてはなをむすぶ》

桐が梢高く、実を結びはじめるころ。和の暮らしの中で、桐は家具として役立ってきました。
（新暦では、およそ七月二十二日～七月二十七日ごろ）

候のことば

隅田川《すみだがわ》花火《はなび》大会《たいかい》

隅田川花火大会は、七月の最終土曜日に行なわれる東京の夏の一大イベントです。歴史をたどると、享保十八年（一七三三年）、八代将軍吉宗が、前年の大飢饉の死者を弔うために水神祭を行ない、そのときに花火を上げたのが起源とされます。以来、両国の川開きに打ち上げられ、鍵屋と玉屋が花火の腕を競い合いました。「たまやー」「かぎやー」というかけ声は、いいと思ったほうの名を見物人が呼んだことから生まれたもの。いまに息づく、江戸の粋です。

○旬の魚介

うに

うにの旬は夏。日本で食べているうには、オレンジ色の身のエゾバフンウニと、やや白っぽい身のキタムラサキウニが大半です。その濃厚な旨味と甘みで、寿司ネタにしても刺身にしてもどんと来いのおいしさ。生で食べても美味ですが、蒸して食べるとひときわ。選ぶときは、身がしっかりして色つやのいいものを。

○旬の野菜

きゅうり

ほとんどが水分でできているきゅうりは、体を冷やしてくれて、夏の水分補給になるすぐれもの。ぬか漬けにすると、米ぬかと乳酸菌が働いてビタミンが増してきます。皮に含まれるククルビタシンは腫瘍をこわす働きも。

○旬の草花

桐《きり》の花

初夏、桐は淡い紫の花を梢にたくさん咲かせます。そんな桐の花を処女歌集のタイトルにしたのは北原白秋でした。「私は何時も桐の花が咲くと冷めたい吹笛《フルート》の哀音を思ひ出す。」想いを寄せる女性への恋心などを赤裸々に歌った歌が、歌集『桐の花』には収められています。

○旬の味覚

そうめん

さっと茹でたそうめんを、氷水を入れたガラスの器に移します。薬味は、ねぎ、しょうが、しそ、みょうがなど。つゆは市販のものでもいけますが、自分でつくってもおいしくいただけます。夕べのおかずの残りと一緒に、手軽で涼しいお昼にしましょう。

○旬のメモ

三尺寝《さんじゃくね》

暑い夏の昼ひなか、職人や大工がしばし休憩して短い睡眠をとることを三尺寝といいます。仕事場の三尺（約九十センチ）ほどのスペースで、ごろりと横になったのが、その名の由来。また、日の影が三尺ほど動く小一時間ほどの仮眠とも。

ひやひやと壁をふまへて昼寝哉　　松尾芭蕉

大暑

次候　土潤いて溽し暑し

つちうるおいてむしあつし

むわっと熱気がまとわりつく蒸し暑いころ。打ち水や夕涼みなど、暑さをしのぐひとときを。

（新暦では、およそ七月二十八日～八月一日ごろ）

候のことば

八朔

はっさく

朔日《さくじつ》とは一日のことですが、旧暦の八月一日を八朔といって、そのころとれはじめる早稲《わせ》の穂を、お世話になっている人へ贈る習慣がありました。田の実の節句ともいわれ、意味が転じて田の実を「頼み」と、農家にかぎらず、日頃の恩にお礼をする日になったそう。

また芸妓さんや舞妓さんは、新暦の八月一日になると、芸事のお師匠やお茶屋さんに「おたのもうします」「おきばりやす」とあいさつ回りをするならわし。

○旬の魚介

あなご

よく脂ののったあなごは、夏のスタミナのもとです。関東では煮あなご、関西では焼あなご、と東西で食べ方が異なります。握りでは、関東の煮あなごはとろける食感、関西の焼あなごは香ばしさが自慢。江戸前天ぷらでは、めそと呼ばれる三十五センチ以下の小ぶりのものがおいしいとか。関西では、焼あなごをごはんにのせる穴子飯が美味。

○旬の野菜

枝豆《えだまめ》

ビールに枝豆があれば、夕涼みに一杯いけるもの。旬はもちろん夏です。ひと口に枝豆といっても、山形のだだちゃまめ、新潟の茶まめ、京都の丹波黒大豆など、産地も品種もさまざま。鮮度が落ちやすいので、新鮮なものを選ぶのが大切。さやの青みが深く、ほどよいふくらみがあるものが◎。

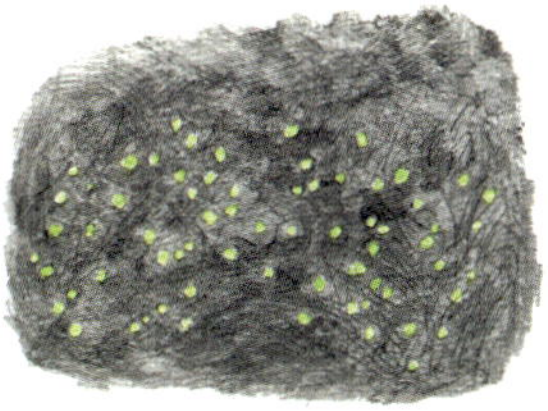

○旬の行事

蛍狩り

水辺や野の暗がりに、蛍の光が浮かんでは、舞い飛ぶさまをながめると幻想的な思いがして、すっと暑さが引くようです。初夏に咲くほたるぶくろは細長い袋のような花で、子どもたちが蛍を中に入れて遊んでいたとか。

声はせで身をのみこがす蛍こそ
言ふよりまさる思ひなるらめ
紫式部「源氏物語」より

ねぷた祭／ねぶた祭

扇形の灯籠に武者の絵が描かれ、夜の城下町を練り歩く弘前ねぷた。ヤーヤドーのかけ声やお囃子が威勢よく響きます。青森ねぶたでは、人形の大灯籠、組ねぶたはもちろん、横笛の音色が印象的。ねぷた、ねぶたの語源は、一説によると「眠たし」からだとか。忙しい夏の盛りにおそってくる眠気よ、あっち行け！と船や灯籠に睡魔をのせて川に流したのがはじまりとも。弘前ねぷたは一日〜七日、青森ねぶたは二日〜七日。暑気払いにはもってこいの祭。

大暑

末候

大雨時行る《たいうときどきふる》

夏の雨が時に激しく降るころ。むくむくと青空に広がる入道雲が夕立に。
(新暦では、およそ八月二日〜八月六日ごろ)

候のことば

蝉時雨《せみしぐれ》

夏が訪れるころ、にいにいぜみが鳴きはじめます。続いて、あぶらぜみに、みんみんぜみ、くまぜみ、ひぐらしなどの蝉の大合唱が湧き起こり、夏の終わりには、つくつくぼうしのしんみりした声が胸にしみます。蝉時雨とは、たくさんの蝉が一斉に鳴き立て、まるで時雨が降りつけてきたように大音量で鳴り響くこと。

蝉時雨餅肌《もちはだ》の母百二歳　　金子兜太《とうた》

○旬の魚介

太刀魚《たちうお》

夏から秋にかけてが、とくにおいしい太刀魚。一に塩焼き、二にムニエル、素朴な煮つけも美味です。熱を通すと、淡白な白身に詰まった旨味がさらに増す魚。逆に、新鮮なものは刺身や昆布締めにしても楽しめます。体表が銀色に輝き、身が硬いものを選んで。

○旬の果物

すいか

縁側に腰かけ、空を眺めながら食べるすいか。砂浜で目隠しをして、えいっと棒を振り下ろすすいか割り。水分がたっぷりで、甘くて大きくて、緑と赤がきれいで、夏といったらやっぱりすいか。いちばんの旬が八月半ばの立秋を過ぎるため、季語では秋とされています。天ぷらとすいかの食べ合わせは、油分と水分が胃に負担をかけるせい。おなかの冷え過ぎに気をつけて。

○旬の虫

カブトムシとノコギリクワガタ

にょきりと頭に一本の角が生えたカブトムシは夏の昆虫の王さま。虫同士のけんかになると、その角で相手の虫をひっくり返してしまいます。そして、ぐわっとあごが二本の大きな角になって伸びているのは、ノコギリクワガタのオス。体の大きさによって、大あごの形も違います。どちらも人気で、夏の早朝、樹液をおいしそうに吸っているところをつかまえます。

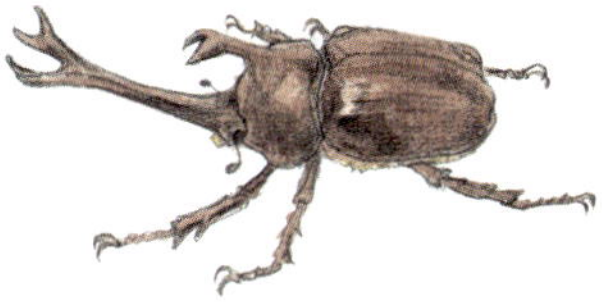

○旬の行事

秋田竿燈《かんとう》まつり

長い竿を十文字に構え、いくつもの提灯を帆のように吊るして掲げる、竿燈まつり。風を受けてしなう重たい竿燈を、バランスよく手や額、肩や腰で支える差し手の技は圧巻です。「生《お》えたさあ、生えたさあ」と威勢よく声を張り、五穀豊穣を祈ります。八月三日〜六日。

秋

夕日に野原も家々も赤く染まり、とんぼが群れなして飛ぶ秋の暮れが、時に懐かしさを誘うのはなぜでしょう。鳥が山へ帰るころ、月が昇り、一番星がまたたき、すすきの穂が風にそよぎます。

ここにある薄は、道にそいながらふれてくるほど親しくつづき、
ここではゆれているとみえず、遠くあのあたりではゆれている。

貞久秀紀《さだひさひでみち》「薄にそいながら」より

立秋《りっしゅう》

立秋とは、初めて秋の気配がほの見えるころのこと。暑い盛りですが、これ以降は夏の名残りの残暑といいます。

乞巧節《きっこうせつ》

旧暦七月七日は、新暦だとこのあたり。中国では七夕のことを乞巧節といいます。機織り上手だった織姫にあやかって、針仕事が上達しますように、と祈る日。日本でも旧暦で祝う地方もあり、松本の七夕まつりでは六日の夕方から軒に七夕雛を吊るします。旧暦で数えれば、七夕はとっくに梅雨明け。晴れた夜空に天の川がきれいに見えて、彦星と織姫は出会えているはず。

立秋

初候 涼風至る《りょうふういたる》

涼しい風が初めて立つころ。
その風を、秋の気配のはじまりと見て。
（新暦では、およそ八月七日～八月十一日ごろ）

候のことば

秋隣《あきとなり》

秋の気配をすぐそばに感じる、という意味の夏の季語が、秋隣。本来は、立秋に入る前までのことばですが、八月の暑いさなかに時折吹く涼風こそ、秋の最初の気配かもしれません。風の他に、朝晩の涼しさ、虫の鳴き声の変化や、草木のようすなど、少しずつ静かに秋が近づいてきます。

松が根に小草花さく秋隣　　正岡子規

○旬の魚介

しじみ

しじみは、江戸時代の薬学・健康書『本草綱目《ほんぞうこうもく》』に薬効ある食材として紹介されるほど、昔から体にいい食べ物。カルシウムや鉄分、ビタミンAやB群など栄養価が高く、肝臓にもいいそう。旬は八月ごろの土用しじみと、一月～二月の寒しじみ。

○旬の果物

桃

八月の八日から十日は、八（は）九（く）十（とう）

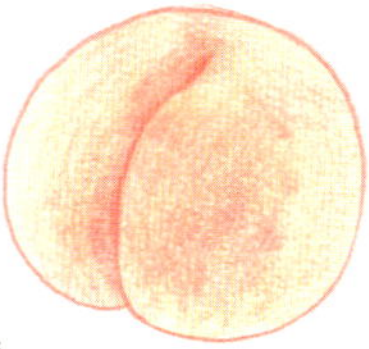

の語呂合わせから、白桃の日。桃は、七月〜九月が食べごろです。甘い果汁があふれ、とろけるようなジューシーな果肉。日本の桃は、岡山の白桃が元祖だとか。選ぶときは、ふっくら丸みがあり、全体にうぶ毛があるものを。

○旬の草花

つゆくさ

瑠璃色をした小さな花で、道ばたや畑のすみに咲いています。花の時期は七月〜九月。古くは、花の摺り布を染めたことから着《つ》き草《くさ》と呼ばれたそう。転じて、月草の名で歌に詠まれた花でした。染めた着物がすぐ色褪せてしまうことから、心の移ろいやはかなさを感じさせる歌のことばに。

百《もも》に千《ち》に人は言ふとも月草の
うつろふ心我れ持ためやも

詠み人知らず

（たとえ人がいろんなことを言おうとも、私の心は、月草のように移ろうことなくあなたを一途に思っています）

○旬の行事

なら燈《とう》花《か》会《え》

八月上旬から中旬にかけての十日間、奈良の町の各所で、たくさんのろうそくがともされます。燈花とは、灯心の先にできる花の形をしたロウのかたまりのことで、これができると縁起がいいそう。一九九九年にはじまり、夏の古都を照らします。

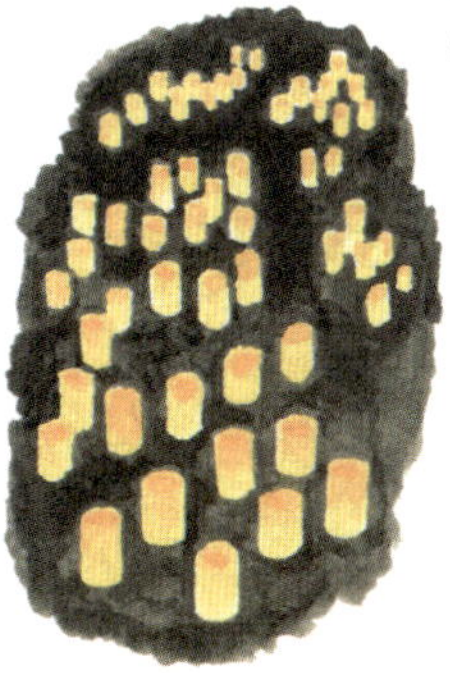

立秋

次候　寒蟬鳴く《ひぐらしなく》

カナカナ……とひぐらしが鳴くころ。
夕暮れに響く虫の声は、はかない夏の夢のよう。
（新暦では、およそ八月十二日〜八月十六日ごろ）

候のことば

灯《とう》籠《ろう》流《なが》し

八月十五日は月遅れ盆、そして終戦記念日でもあります。先祖の霊を送る灯火を川に流す灯籠流しには、戦火に散った人々への祈りも込められます。広島では原爆の日、八月六日のとうろう流し。長崎では古くから、初盆の霊を船に乗せて見送る精霊流《しょうろうなが》しの慣習があります。夜の川面にいくつも静かに流れていく灯籠には、そのひとつひとつに祈りや思いが。

*おもざしのほのかに燈籠流しけり　　飯田蛇笏《だこつ》

*おもざし…おもかげ。顔つき

○旬の虫

ひぐらし

朝夕に鳴く声が涼を感じさせるひぐらし。夕暮れの薄闇に、林から消え入るように聞こえてくると、夏の終わり、秋の訪れを知らされるようです。俳句では、秋の季語。ですが、六月の終わりごろから九月まで出会うことのできる蝉です。

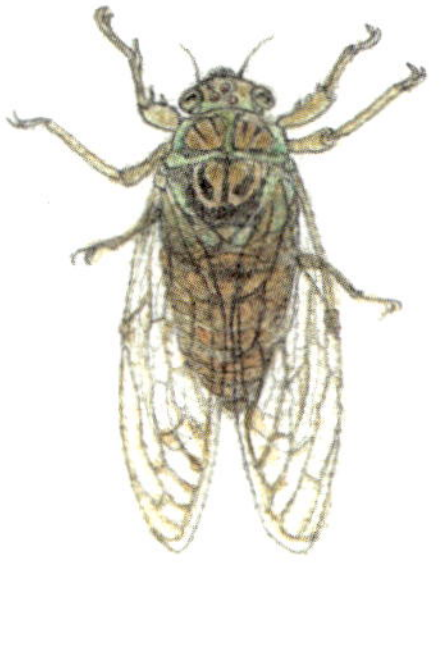

○旬の魚介

めごち（ネズミゴチ）

クルマエビや青柳と並び、江戸前天ぷらの代表的なネタが、めごちです。八月の暑いさなかに、カラッと揚げた天ぷらは甘みがあって美味。新鮮なものは刺身にすると、甘エビのようとも。二十センチほどの小魚ですが、一度食べたらやみつきに。

○旬の草花

ほおずき

お盆の花として飾られるほおずき。迎え火や送り火の盆提灯のよう、と見立てて供えられます。初夏に淡黄白色の花が咲いた後、萼《がく》が袋状になって実を包みます。緑がしだいに色づき、熟して真っ赤に。

○旬の行事

諏訪湖祭湖上花火大会

八月十五日に行なわれる諏訪湖の花火大会。空へと打ち上げられる花火は、同時に湖面にも映ります。第一回が行なわれたのは、昭和二十四年のこと。戦争の後の混乱の中で、希望を持って一日も早く立ち直れるように、という願いからはじまったそう。

五山の送り火

京都の大文字焼き、五山の送り火は、お盆に訪れた先祖の霊を送る灯火として、八月十六日にともされます。まず「大」の大文字が東山如意ケ嶽で点火されます。続いて松ヶ崎の西山に「妙」、東山に「法」の字を点火。そして西賀茂船山に船形が、金閣寺大北山に左大文字が、そして最後に嵯峨曼荼羅山に鳥居形がともされます。

立秋

末候　蒙霧升降す《のうむしょうこうす》

深い霧がたちこめるころ。
春は霞たち、秋は霧けぶる空模様。
（新暦では、およそ八月十七日～八月二十二日ごろ）

候のことば

旱星　ひでりぼし

八月の夜空には、かつて豊作を占った星がありまず。赤く輝く旱星と呼ばれる星。火星、牛飼座のアルクトゥルス、さそり座のアンタレス。その内のアンタレスが赤く輝くほど、その年は豊作になるといわれたそうです。あまりに真っ赤なさそりの星には酒酔い星という別名も。

あかいめだまの　さそり
ひろげた鷲の　つばさ
宮沢賢治「星めぐりの歌」より

○旬の魚介

真だこ

一説によると「た」は手、「こ」はたくさんという意味で「たこ」の名がついたとか。日本で食べられているたこは、比較的南方にいる真だこと、北方にいる水だこが主。真だこの旬は、入荷が多い六月～八月。お店で茹でだこを選ぶときは、足がしっかりと巻いていて、身に弾力があるものを。

○旬の野菜

新しょうが

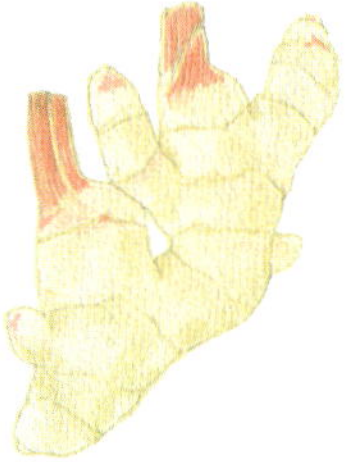

江戸時代には、八朔（旧暦の八月一日）をしょうが節句として神社で市が開かれていました。旬は六月〜八月。辛みが強くなく、すっきりした香りが特徴です。新陳代謝を活発にして、血行をよくし体を温めてくれるのもいいところ。クーラーの冷え対策に◎。

○旬の草花

水引《みずひき》

上から見ると赤く、下から見ると白い花が、細長い花穂に点々といくつも咲いています。そのようすが祝儀の水引に見立てられて花の名前になったそう。紅白の花が混じるのは、御所水引、白い花だけのは銀水引と。

○旬の虫

おんぶばった

名前の通り、メスがオスをおんぶしている交尾の姿を目にする、おんぶばった。おんぶしているのがメスで体つきが大きく、おんぶされているオスはそれよりやや小柄です。交尾していないときでも、おんぶしていることがしばしば。子どものころは、親子かな？と思っていた人も多いのでは。

○旬の兆し

樹雨《きさめ》

濃い霧の林を歩いていると、木の葉から雨が落ちてくることがありますが、それが樹雨です。葉や枝についた霧の粒が、しだいに大粒の滴になって地上へ落ちてくるもの。

処暑《しょしょ》

処暑とは、暑さが少しやわらぐころのこと。朝の風や夜の虫の声に、秋の気配が漂い出します。

涼み舟・納涼床

川をゆっくりと行き交う舟に揺られ、涼をいただく涼み舟は、暑い季節の夜の楽しみです。屋形船に集い寄り、宴の席をもうけて旬の天ぷらなどを味わい、おいしいお酒に酔いながら、夜風にあたるのも風流です。また京都では、鴨川や貴船、高雄などの川辺に床を出し、涼をいただく納涼床も。川の流れをそばに感じて、京料理を楽しむひととき。

処暑

初候　綿柎開く

わたのはなしべひらく

綿の実を包む萼《がく》が開くころ。種を包む綿毛をほぐし、綿の糸を紡ぎます。（新暦では、およそ八月二十三日〜八月二十七日ごろ）

候のことば

綿花

めんか

綿の木は七月〜八月に花を咲かせた後、蒴果《さくか》と呼ばれる実をつけます。その実がはじけて、ひとつの実からいくつか現われる白い繊維がコットンボール、種を包んだふわふわの綿花です。綿の柎が開くころとは、実がはじけ、いよいよ綿花を摘む時期のこと。綿花の中に入っている種を選り分け、綿毛だけにしてから綿打ちをして綿をほぐし、糸を紡ぎます。

○旬の果物

すだち

酸味が強すぎず、さっぱりさわやかなすだち。旬は八月、九月です。特産は徳島で、鍋物によし、焼き魚によしの、食欲を誘う香りと酸っぱさ。ビタミンCもクエン酸も豊富で、肌の美容にも◎。疲労回復やかぜの予防にもひと役買います。豚肉や鰯、さんまととくに好相性。また、すだちのやさしい香りはポン酢によく合います。すだちの果汁を搾って布で濾したら、しょうゆと1：1で混ぜ合わせ、お酢とみりんを少量加えると、自家製ポン酢のできあがりです。

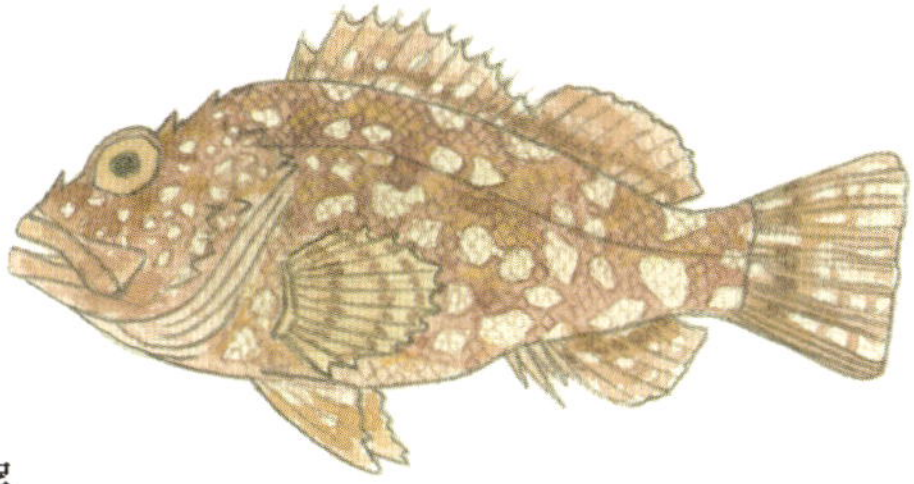

○旬の魚介

かさご

とげだらけの見た目と裏腹に、かさごは上品な味わいの白身魚です。旬は夏。刺身にしても焼いても煮ても美味な上に、塩焼きの残り身に熱い湯をかけて骨湯《こつゆ》にしたり、アラでだしをとって鍋物やみそ汁にしたり、一尾で二度も三度も楽しめます。

骨の髄までおいしく　かさごの骨湯

塩焼きや煮つけの残りでも、アラを塩焼きにしたものでも、熱いお湯をかけていただくかさごの骨湯。香りつけには小ねぎやごま、青じその千切りを。

○旬の行事

伊奈《いな》の綱火《つなび》

空中に張りめぐらせた綱の上で、花火を仕掛けた人形や船を操って芝居を演じるのが、伊奈の綱火。最後には、花火を点火するという趣向で、国指定重要無形民俗文化財とされています。茨城県つくばみらい市の祭で二流派により開催され、八月二十三日は高岡愛宕神社の高岡流、二十四日は小張愛宕神社の小張松下流。

吉田の火祭り

北口本宮冨士浅間神社と諏訪神社の秋祭であり、そして富士山のお山じまいの祭が、吉田の火祭りです。八月二十六日の鎮火祭と、二十七日のすすき祭りの二日間に渡ります。神輿を担いで富士吉田のまちを練り歩いてからが圧巻。富士山の登山道に松明《たいまつ》がともされ、市中が炎に染まります。日本三奇祭のひとつというのも納得。火をともし、そして鎮め、富士山の登山シーズンを無事終えることに感謝を捧げます。

処暑

次候　天地始めて粛し《てんちはじめてさむし》

ようやく暑さが収まりはじめるころ。夏の気が落ち着き、万物があらたまる時期とされます。
（新暦では、およそ八月二十八日～九月一日ごろ）

候のことば

二百十日《にひゃくとおか》

二百十日は雑節のひとつで、立春から数えて二百十日目。台風がやってくる日とされています。八朔や二百二十日とともに、嵐の来る農家の三大厄日。稲の収穫のころに台風が来ては大変と、暦は注意を呼びかけます。新暦では九月一日か二日ごろ。富山市のおわら風の盆など、各地で作物の無事を祈る風鎮めの祭が行なわれます。

思い染川　渡らぬさきに
浅さ深さを　オワラ　知らせたや

おわら 古謡より

○旬の魚介

ぐち（シログチ）

白身でくせのないぐちは、刺身が極上。旬は産卵期の間の夏。釣り師や漁師が口をそろえて「鮮度のいいシログチが、刺身でいちばんうまい」と言うとか。脂の旨味に甘み、トロのようなとろける食感。但し鮮度が落ちやすいとか。関東では、いしもちとも呼ばれる塩焼きの定番メニュー。小田原名物かまぼこにも欠かせません。

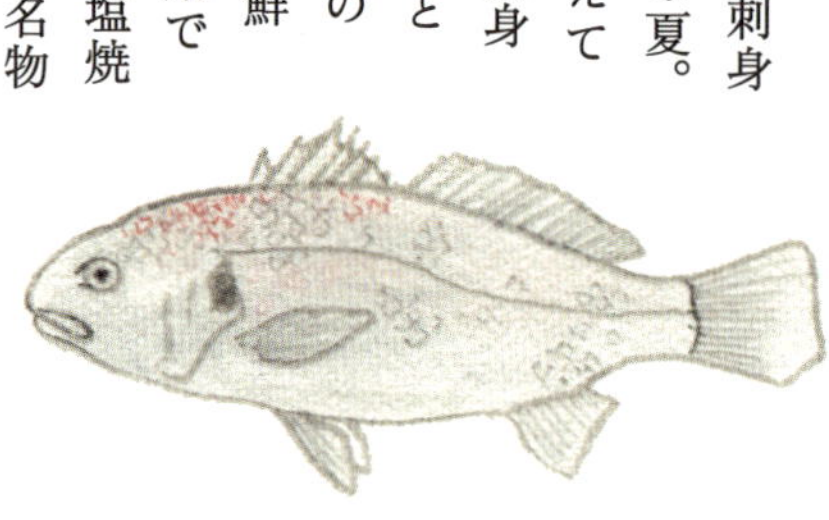

○旬の果物

ぶどう

甲州、巨峰、ピオーネ、甲斐路《かいじ》、マスカット、デラウェア……。さまざまな品種のあるぶどうの旬は八月〜十月。中でも日本で古くから栽培されてきた甲州種は、白ワインにすると、和食とよく合います。みずみずしいぶどうの甘みは吸収されやすく、すばやく疲れを癒してくれる働きがあるそう。選ぶときは、軸がしっかりとして実の表面に白い粉がふいているものを。

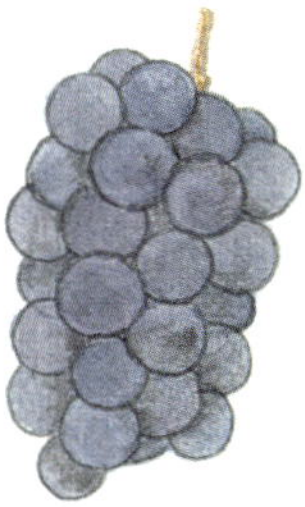

○旬の兆し

野分《のわき》

野を分け、草木を吹き分ける荒々しい風が、野分。台風などに伴う暴風のことをいいます。台風の吹き荒れるようすが枕草子に記され、源氏物語 第二十八帖の巻名となるなど、古い時代には台風のことを野分と呼んでいました。

野分のまたの日こそ
　いみじうあわれにをかしけれ
　　清少納言『枕草子』第二〇〇段より

(野分の吹き荒れた翌日は、大変にしみじみと胸に来るものがあります)

○旬の行事

大曲の全国花火競技大会

毎年八月第四土曜日に、日本でもっとも大規模な花火大会が、秋田県大仙市の大曲で開かれます。二〇一〇年には百周年を迎えたほどの歴史を持ち、全国から選りすぐられた腕自慢の花火師が技を競い合います。新潟の長岡まつり、茨城の土浦全国花火競技大会と並ぶ、日本三大花火大会のひとつです。

処暑

末候 禾乃登る

こくものみのる

田に稲が実り、穂をたらすころ。
禾とは、稲や粟などの穀物のことをいいます。
（新暦では、およそ九月二日～九月六日ごろ）

候のことば

禾

のぎ

禾とは、稲などの穂先に生えている毛のことですが、稲や麦、稗《ひえ》、粟《あわ》などの穀物の総称でもあります。のぎとも、のげとも呼ばれ、「禾」の字は、もともと穂をたらした稲の姿を描いた象形文字だったそう。ちなみに稲は、縄文時代には日本に伝わっていたとか。ごはんとして炊くものはうるち米《まい》、餅にするのはもち米です。うるち米はもち米より粘り気が少なく、うるち玄米は半透明の飴色をしていますが、もち玄米は不透明な乳白色です。

○旬の魚介

鰯

いわし

暑くなるにつれて脂がのり、おいしくなる鰯。旬は六月～十月。新鮮なものを握りや刺身、なめろうでいただくと旬を感じる青魚です。また、寒い季節の鰯つみれ汁もたまりません。調理のときは、開きや切り身は洗わないで。身からおいしさが逃げてしまいます。

旨味をまるごと味わえる　鰯の塩いり

忙しいときにもサッとつくれる金沢の郷土料理。頭、えら、内蔵を取り除いた鰯を鍋かフライパ

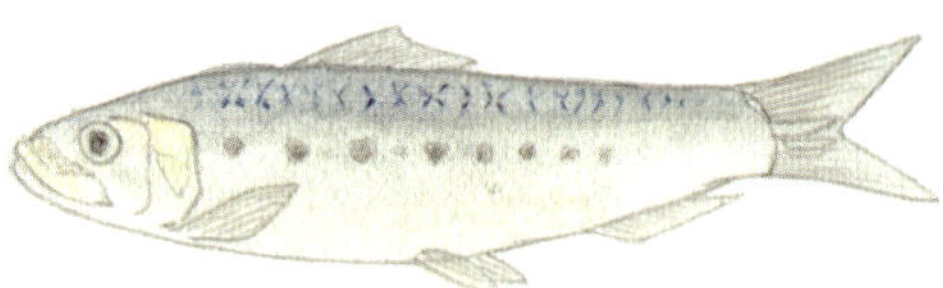

ンにしき詰めます。しょうがを入れ、お酒と塩をふったら火にかけてひと呼吸。身がひたひたになるくらい水を入れて茹でます。水分がなくなったら、弱火で煎ってできあがり。大根おろしやすだちを添え、好みで酢をかけて、いただきます。

○旬の果物

無花果《いちじく》

江戸時代に入ってきたという無花果は、初めは薬用だったそう。旬は八月の終わりから十月にかけて。実の中に咲かせる白い花は、外からは見えず、花の無い果という名前に。

○旬の草花

きんえのころ

ねこじゃらしの名前で親しまれているえのころぐさの一種に、きんえのころがあります。えのころ、とは子犬のしっぽのようだからついた名前。秋の日が金色の穂にあたり、風に揺れる野は、懐かしい子どものころの遊び場。

キンノエノコロとう呼び出し音で
電話したい日の暮れ遠目などして

前田康子

○旬の虫

まつむし

チンチロリンと鳴く声が、歌にも歌われるまつむし。すずむしと並んで、秋に鳴く代表的な虫です。

平安のころ、山野で虫を捕ってきて鳴き声を楽しむ虫選《むしえらみ》や、飼っている虫の鳴き声を互いに競い合う虫合《むしあわせ》などの遊びがありました。

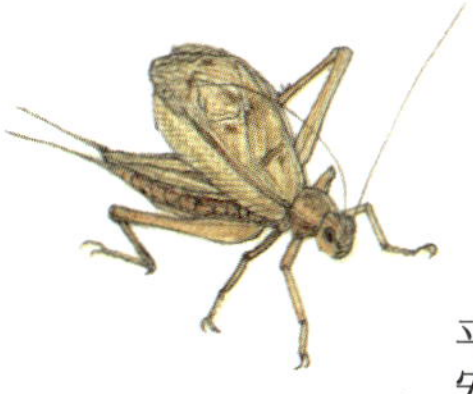

白露《はくろ》

白露とは、大気が冷えてきて露を結ぶころのこと。ようやく残暑が引いていき、本格的に秋が訪れてきます。

赤とんぼ

空を眺めると、夏から秋へと移り変わっていくのを感じます。その空に、ついっと現われるのが、赤とんぼ。羽をすばやくふるわせ、飛んでいきます。あきあかねや、なつあかね、のしめとんぼなどが赤とんぼと呼ばれるとんぼたち。古くはとんぼを、あきつ、と呼んでいたそう。秋の虫という意味。そして日本の国の名前も昔、秋津州《あきつしま》といいました。野山をとんぼが舞い飛ぶ、緑もいのちも生き生きとした国。そんな情景が目に浮かぶよう。

白露

初候 草露白し《くさのつゆしろし》

草に降りた露が白く光って見えるころ。朝夕の涼しさが、くっきりと際立ってきます。
(新暦では、およそ九月七日〜九月十一日ごろ)

候のことば

重陽《ちょうよう》の節句

九月九日は重陽の節句。菊の節句で、長寿を祈る日です。昔は旧暦で数えたので、ちょうど菊の花ざかりでしたが、新暦のこの時期は、菊にはちょっと早いかも。平安の時代、宮中では菊を飾って鑑賞したり、盃に菊の花びらを浮かべて酒を飲んだり、詩歌を詠み合ったりと雅に過ごしたといいます。また、さらに昔には収穫祭の意味合いの濃い行事で、栗の節句と呼ばれ、栗ごはんなどで祝い、感謝を捧げたともいわれます。

○旬の魚介

島鯵《しまあじ》

刺身も握りも絶品の島鯵。旬は夏〜秋。伊豆諸島でよくとれていたことから、島の字がついたとか。また身に黄色の縦縞があり、縞鯵とも。食感がよく、旨味もしっかりしています。身だけ食べてはもったいない。また高級な島鯵の三分の一ほどの値段でとびきりおいしいと言われるのが、かいわり。握りも刺身も塩焼きも美味です。

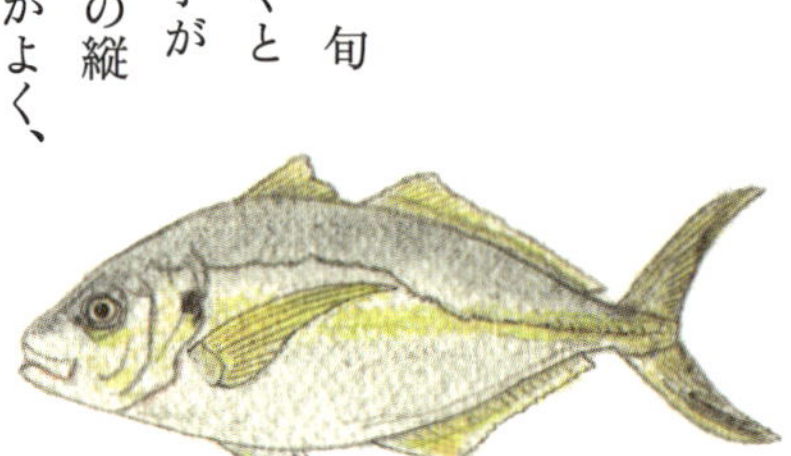

骨まで味わう 島鯵の潮汁

島鯵は頭を半分に切って、アラをひと口大に。

そこへ塩をふり、湯通しして霜降りに。鍋に火をかけ、水から昆布でだしをとりつつ、島鯵を中へ。沸騰する寸前に昆布をとり、あくをとって酒、塩、こしょう少々で味つけ。椀にアラを入れて汁を注いでできあがり。細ねぎや木の芽を添えても◎。

○旬の草花

秋の七草

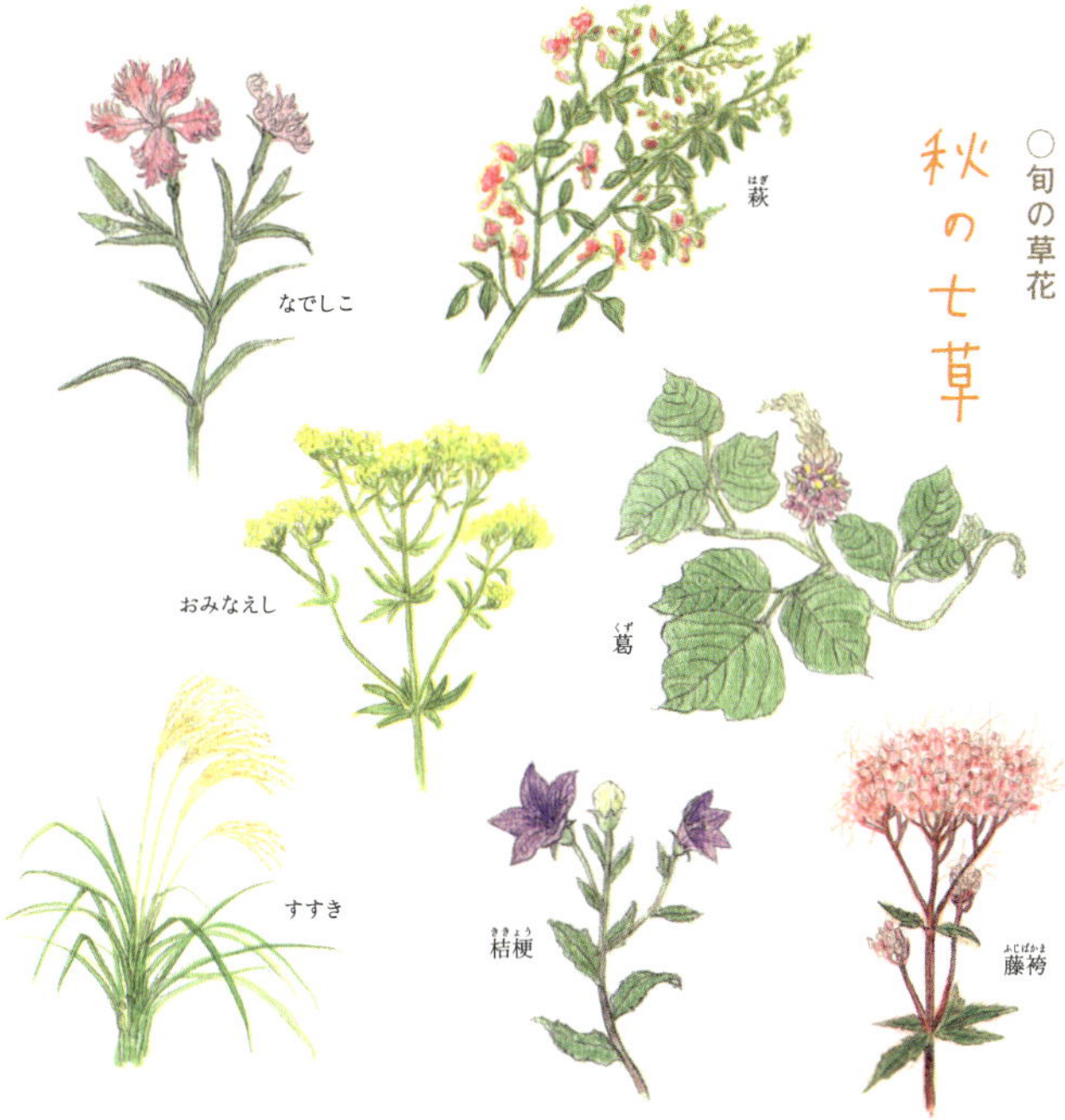

萩《はぎ》、すすき、葛《くず》、なでしこ、おみなえし、藤袴《ふじばかま》、桔梗《ききょう》。万葉集で山上憶良《やまのうえのおくら》が秋の七草を歌っています。いちどきに咲くのではなく、秋が深まりながら花開いていく七種の草花。たとえば萩は、万葉集でもっとも歌われる花。秋の字が用いられるほど、秋の花としてなじみ深いものです。逆に、藤袴や桔梗は、自生できる野山が少なくなり、絶滅の危機に瀕しているとか。種をたやさぬように、人の手で育て守ろうとする動きも。

秋の野に咲きたる花を指《および》折り
かき数ふれば七種《ななくさ》の花

山上憶良

○旬の兆し

御山洗《おやまあら》い

登山を楽しむ人たちでにぎわった後、富士山の閉山日にあたる旧暦七月二十六日ごろに降る雨は、富士山を洗い清める御山洗いの雨、と山麓の人の間で言い伝えられてきました。

白露

次候 鶺鴒鳴く《せきれいなく》

鶺鴒が鳴きはじめるころ。
イザナギとイザナミに男女の交わりを教えたことから、恋教え鳥と。
（新暦では、およそ九月十二日〜九月十六日ごろ）

候のことば

鶺鴒《せきれい》

チチィ、チチィと鳴く、尾の長い小鳥が鶺鴒の一種、白鶺鴒《はくせきれい》。歩くときに尾を上下に振りながら地面を叩くようにする仕草は、石たたきと呼ばれます。鶺鴒は日本書紀にも登場するというからおどろきです。尾を振るようすを男女の交わりに見立てたのか、イザナギとイザナミが契りを交わそうとしたとき、その仕方を教えたのが鶺鴒でした。小鳥の尾を振る動きで、神さまたちはピンときたのでした。

○旬の魚介

あわび

貝のご馳走食材、あわび。旬は八月〜十月。日本で食べているのはクロアワビ、エゾアワビ、メガイアワビ、マダカアワビ。あわびは巻貝の仲間で、二枚あるはずの貝殻が片方ないから、合わぬ身、転じてあわびという名になったとか。刺身にするのは簡単で、ステーキナイフなどで身を取り出したら、薄く切るだけ。肝は茹でて添え、しょうゆに溶いても、そのまま食べても美味。

○旬の果物

梨《なし》

みずみずしく、シャリッとした歯応えが快い梨。旬は八月〜十月。弥生時代の遺跡から、梨の種が見つかり、このころから食べていたという説も。クエン酸やアスパラギン酸などを豊富に含み、疲労回復にいい果物です。

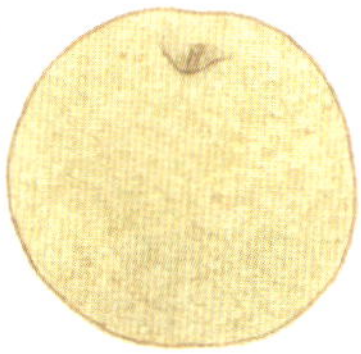

○旬の草花

オシロイバナ

紅や薄紅、白絞りなど、さまざまに花を咲かせるオシロイバナ。種の中に白い粉のような胚乳があり、子どもが指ですくってお化粧ごっこをしたことから白粉《おしろい》の花という名前に。夕暮れに咲き、翌朝にはしぼんでしまうことから、別名を夕化粧《ゆうげしょう》とも。

○旬の行事

筥崎《はこざき》八幡宮の放生会《ほうじょうや》大祭

博多、筥崎八幡宮で千年以上の歴史を持つ祭。もとは殺生を戒める仏教の儀式でしたが、合戦の続く戦乱の時代に、いのちをいつくしみ、秋の実りに感謝を、とはじまったそう。きれいなガラスのおもちゃ（びーどろ細工）、博多ちゃんぽんが名物。細いガラス管をぷうっと吹き、パペパペと音を鳴らして遊びます。毎年九月十二日〜十八日。

白露

末候　玄鳥去る《つばめさる》

つばめが南に帰るころ。
春先に訪れた渡り鳥と、しばしの別れです。
（新暦では、およそ九月十七日～九月二十一日ごろ）

候のことば

鶏頭《けいとう》

花の名の由来は、雄鶏《おんどり》のとさかのような真っ赤な花を咲かせることから。この花で想起されるのは、正岡子規の鶏頭の句。晩年の子規が、庭のようすを思い浮かべてつくったものですが、何を言うわけでもない平明な句なのに、どこか不思議な奥行を感じさせます。

鶏頭の十四五本もありぬべし　正岡子規

○旬の魚介

昆布

奈良時代の文献に、すでに登場する昆布。ですがそれも、昆布の活躍を思えばごく自然な気がします。昆布の旨味成分グルタミン酸は水に溶けやすいので、だしをとるときは、固くしぼったぬれぶきんで表面の汚れを拭く程度に。水から煮出して、沸騰する直前に取り出します。夏から秋にかけて収穫し、乾燥後に出荷します。

○旬の野菜

なす

秋野菜の楽しみの
ひとつは、やっぱり、なす。

網であぶったなすにかつお節をかけてしょうゆで、なんて酒の肴として外せません。旬は六月〜九月。一説によると、夏にとれることから夏実《なつみ》と呼ばれ、なすび、なすとなったそう。薄紫の花を咲かせた後に、次々実ができます。手軽に栽培できるので、家庭菜園でも人気もの。

初めの仕込みが肝心　**焼なす**

なすのガクを切り、縦に軽く四、五か所切り込みを入れます。竹串や箸で、おしりからまっすぐ串刺しに。焼いたときの水蒸気の通り道をつくります。焼き網で強火、全体をまんべんなく焦げめがつくまで焼いたら、熱いうちに皮をむきます（指を水でぬらしてむく）。皮をむいたら、ヘタを落とし、たっぷりのかつお節、おろししょうがをかけ、しょうゆをたらして、いただきます。

○旬の日

空の日

九月二十日は、空の日。一九一一年（明治四十四年）のこの日、国産の飛行船が東京上空一周飛行に成功しました。開発したのは、山田猪三郎《いさぶろう》という日本航空界のパイオニア。山田式飛行船が初めて自由飛行したのは、前年の一九一〇年。ライト兄弟の初フライトからわずか七年後のことでした。

そらが　あんなに　あおいのは
うみが　うつっているからか
ほしが　すむ　くにだからか

まど・みちお「そら」より

秋分《しゅうぶん》

秋分とは、春分と同じく昼夜の長さが同じになる日のこと。これからしだいに日が短くなり、秋が深まっていきます。

秋のお彼岸

一日のうち、昼と夜の長さがぴったり同じになるのが春分と秋分。お彼岸というのは、もともと仏教のことばで、先祖供養の日とされます。また春分でもふれましたが、日本では古くから農事としての意味合いも秋分の日には込められます。豊作を祝い、感謝を捧げ、田の神さまを祀る儀式がこのころに。

秋分

初候 雷乃声を収む《かみなりこえをおさむ》

夕立に伴う雷が鳴らなくなるころ。入道雲から鰯雲《いわしぐも》へ、秋の空が晴れ渡ります。
(新暦では、およそ九月二十二日～九月二十七日ごろ)

候のことば

おはぎとぼた餅

秋分の日にお供えするおはぎは、春にはぼた餅と呼ばれます。この二つは同じもの。ただ昔は、秋に収穫したての小豆をそのままつぶあんにしたのがおはぎ、冬を越して固くなった小豆をこしあんにしたのがぼた餅、という違いはあったようです。春の牡丹、秋の萩に見立てて、牡丹餅、御萩《おはぎ》と呼びました。

○旬の魚介

はぜ

大きく育つ秋～冬が旬のはぜ。秋分のころに型が大きく味がよくなるものを彼岸はぜ、晩秋から初冬にかけて、産卵のため深場に移動したものを落ちはぜと呼びます。江戸前天ぷらの代表的なネタ。隅田川や佃島などでは、釣ったはぜをその場で天ぷらにする、はぜ船が行き交います。夏などにとれる小ぶりのできはぜは、唐揚げに。

○旬の野菜

松茸 まったけ

香りのよさが万葉集にも歌われるほど、古くから愛されてきた松茸。旬は九月半ば〜十一月初め。その香りは食欲を誘い、がん予防にも働きかけるとか。松茸ごはんにするときは、炊き上げる直前に松茸を入れます。加熱し過ぎると、香りが飛んでしまうので。

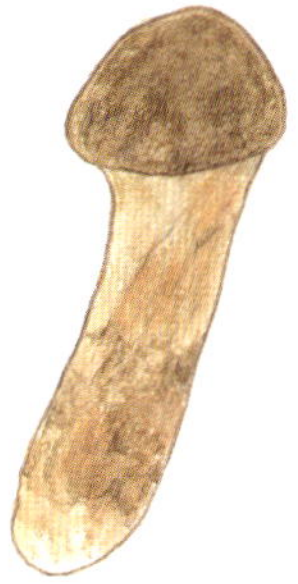

○旬の草花

彼岸花 ひがんばな

一本の茎に六つほどの赤い花が咲き、空へ向かうようにめしべ、おしべを伸ばし広げる彼岸花。開花はまさに秋のお彼岸のころ。曼珠沙華《まんじゅしゃげ》とも呼ばれますが、その意味は、天に咲く赤い花。水に晒して毒抜きした根は、飢饉の非常食でした。

○旬の行事

秋の社《しゃ》日《にち》

秋分の日にもっとも近い戊《つちのえ》の日を、秋の社日といいます（春分のころにも同様に春の社日が）。春に山からやってきて、作物を実らせてくれた田の神さまが、秋に山へ帰る日とも。土地の産土神《うぶすながみ》を祀る社へ豊作を祈り、感謝するお参りに行きます。

○旬の兆し

鱗《うろこ》雲《ぐも》、鰯《いわし》雲、鯖《さば》雲

気づけば、高い秋空。鱗雲や鰯雲、鯖雲が現われます。鰯雲が姿を見せると、鰯が大漁の兆候とか。鯖雲は、鯖の漁期に出る雲とも、雲の文様が鯖の背中の斑点のようだからともいわれます。

鰯雲はなやぐ月のあたりかな　高野素十《すじゅう》

秋分

次候　蟄虫戸を坯す《すごもりのむしとをとざす》

虫が隠れて戸をふさぐころ。土の中へ巣ごもりの仕度をはじめます。（新暦では、およそ九月二十八日〜十月二日ごろ）

候のことば

中秋《ちゅうしゅう》の名月

旧暦八月十五日の満月は、中秋の名月。またちょうど里芋の収穫の時期にあたり、芋名月《いもめいげつ》と呼び、豊作への感謝を込めて芋をお供えするならわしも。

満月の前後の呼び名は、十三《じゅうさん》夜《や》、小望月《こもちづき》、十五夜、十六夜《いざよい》、立待月《たちまちづき》、居待月《いまちづき》、寝待月《ねまちづき》、更待月《ふけまちづき》と。一夜一夜の月に名をつけるほど、月が身近に、愛でたい存在としてあったのでしょう。また、十五夜が雲に隠れて見えないことを無月《むげつ》、雨が降ることを雨月《うげつ》と、雲の向こうの満月を呼びならわしました。

○旬の魚介

さんま

すべてが国産、天然物、というさんま。夏〜秋が旬で、塩焼きは絶品の秋の味です。刺身で食べるようになったのは、比較的最近のこと。良質なタンパク質や脂質、血液をさらさらにするDHAなどが豊富です。選ぶときは、ピンと皮が張り、背が青黒く光っているもの、黒目のまわりが透明なものを。口先が黄色いのは、脂がのっているしるしです。

○旬の野菜

里芋 さといも

稲作よりも古く、縄文時代後期より以前から日本に入ってきていたという里芋。豊作に感謝する芋煮会などの行事が、古来秋に各地で催されてきました。旬は八月～十月。

○旬の草花

紫苑 しおん

背の高い二メートル近くにもなる草から、紫の花びらに中心が黄色い花を咲かせる紫苑。平安時代から薬用や鑑賞に親しまれてきました。紫苑という色の名前にもなり、紫苑の着物の描写が、枕草子に登場します。開花は八月～十月。中秋の名月のころに咲き、別名を十五夜草《じゅうごやそう》と。

○旬の兆し

茅場 かやば

昔は集落のそばに、茅場と呼ばれる広いすすき野原がありました。毎年刈り取っては茅葺き屋根や、牛や馬のえさにしたそう。乾燥したすすきは雨にも強く、囲炉裏の火などで燻《いぶ》されてさらに丈夫に。刈り取られた後は、春に下草が生え、花が咲き、やがてまたすすきの穂波へと。

○旬の行事

ずいき祭

ずいきとは里芋の茎のこと。野菜や乾物などで飾りつけしたずいき御輿《みこし》を奉るなど、秋の収穫に感謝を捧げる祭です。千年以上の歴史を持ち、京都の北野天満宮で毎年十月一日～五日に開かれます。

秋分

末候 水始めて涸る

みずはじめてかれる

田から水を抜き、稲刈りに取りかかるころ。
たわわに実った稲穂の、収穫の秋まっただなかです。
（新暦では、およそ十月三日～十月七日ごろ）

候のことば

稲の実り

夏に花を咲かせたのち、実った穂が垂れ下がり、いよいよ稲刈りの時期が訪れます。実りの早いものを早稲《わせ》、遅いものを晩稲《おくて》、その間のものを中稲《なかて》と呼ぶそう。また水田で育った稲は水稲《すいとう》、水を張らず、畑で育てた稲は陸稲《おかぼ》といいます。

秋の田の穂《ほ》の上《へ》に置ける白露《しらつゆ》の
消《け》ぬべくも吾《わ》は思《おも》ほゆるかも

詠み人知らず

（秋の田の稲穂の上に白露のように、私の身は消え入るばかりのように思われるのです）

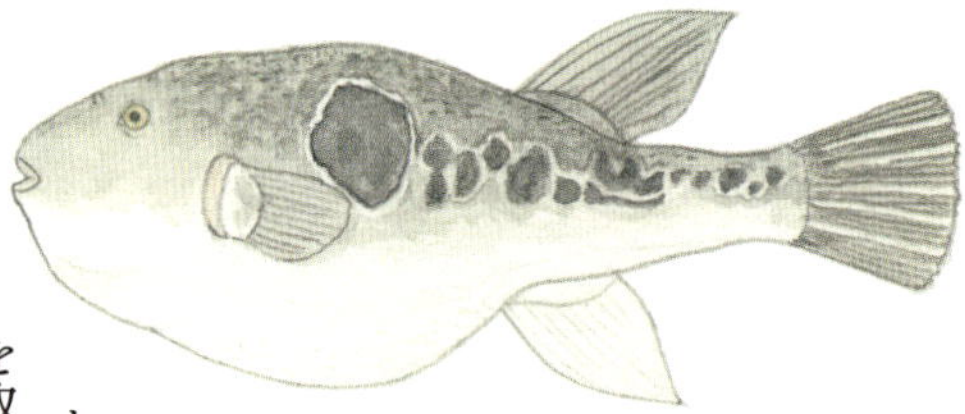

○旬の魚介

とらふぐ

下関市南風泊港のふぐの初せりは、秋の風物詩。旬は鍋の季節、産卵前の冬です。淡白にして、旨味がぎゅっと詰まった味わい。ふぐ刺、ふぐちり、焼きふぐ、唐揚げ、白子……。いずれもうっとりするほどのおいしさです。毒を取り除いた身欠きを買いますが、身が白く透き通っているもの、つやがあるものを。

冬の贅沢

ふぐちり

土鍋に水を張り、昆布を入れて小一時間ほど寝かせます。火にかけ沸騰直前に昆布を取り出して、酒と塩を。ふぐの身欠きは熱湯を全体にかけ、水に取り、汚れや血を洗い流して水分をよく拭いておきます。鍋にふぐを入れ、野菜も投入。ねぎや大根おろしと一緒にポン酢で、いただきます。

○旬の野菜

銀杏《ぎんなん》

イチョウの葉が黄色く染まり、丸い実をつけます。熟した実が落ちて、あの特有の匂いがする外皮を除くと、固い殻に包まれた果肉が出てきます。それが銀杏。殻をむいて、塩茹でや塩炒り、あるいは茶碗蒸しなどに。旬は九月下旬〜十一月です。

○旬の草花

金木犀《きんもくせい》

つやつやした常緑の葉に、橙色をした小花がたくさん咲きはじめるのは、九月下旬〜十月上旬。手のかからない金木犀はすくすくと育ち、小鳥が舞い来ては遊んでいく。近くを通りがかると、ああ金木犀が咲いているな、とわかるほど、甘い香りが特徴的。

○旬の行事

花馬祭《はなうままつり》

鞍から花飾り（細長い竹ひごに色紙をつけたもの）を広げた三頭の木曽馬が、笛や太鼓とともに神社へと行列をなして練り歩く祭。豊作や家内安全を祈ります。十月一日、長野県南木曽《なぎそ》町の五宮《いつみや》神社にて。

寒露《かんろ》

寒露とは、露が冷たく感じられてくるころのこと。空気が澄み、夜空にさえざえと月が明るむ季節です。

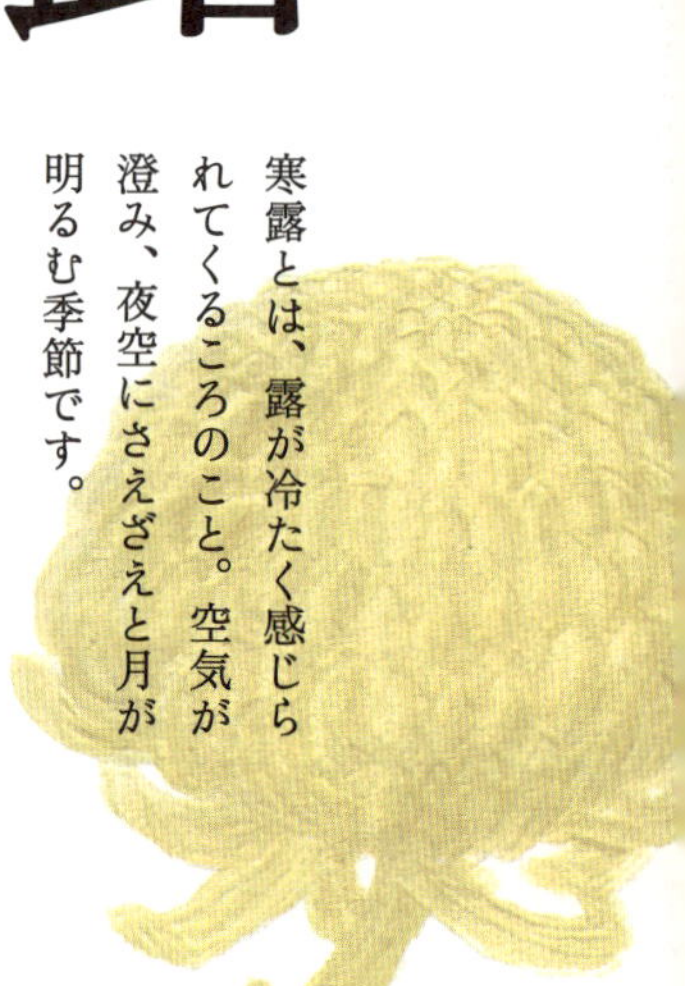

釣瓶《つるべ》落《お》とし

秋が深まり、日が傾いてきたかなと思うと、あっという間に空が茜に染まり、日が沈んでしまいます。釣瓶落としとは、そんな秋の夕暮れをいうことば。釣瓶とは、井戸から水を汲み上げる滑車を使った桶《おけ》のことですが、日の沈む早さを、井戸の底へ釣瓶がサーッと落ちていくようすにたとえます。公園で遊んでいる子どもたちが、一散に家へ帰った幼い日の記憶に重なるように、真っ赤な 夕焼けには胸を締めつけるほろ苦さが。

寒露

初候　鴻雁来る《がんきたる》

雁が北から渡ってくるころ。
その年初めて訪れる雁を、初雁《はつかり》といいます。
（新暦では、およそ十月八日〜十月十二日ごろ）

候のことば

菊と御九日《おくんち》

九月九日の重陽の節句は、菊の節句ですが、新暦のころにはまだ菊は花を咲かせません。それが、旧暦の九月九日ごろになると、開花の時期を迎えます。たとえば、新暦からひと月遅れの十月九日ごろに長崎の諏訪神社で催されるのは、長崎くんちという御九日の祭。男手が数人がかりで大きな傘鉾の龍を舞わせる龍踊《じゃおど》りや御座船《こざせん》の曳物《ひきもの》などを晴れ晴れしく披露します。菊の見ごろに、秋の収穫を祝う祭が各地で行なわれるのは古来あるこの季節のならわしです。

○旬の魚介

ししゃも

産卵期の十月が旬のししゃも。漢字で柳葉魚と書くのは、柳の葉がししゃもになったというアイヌの伝説からだそう。一般に出回っているのは干物ですが、旬のししゃもは刺身も美味。魚市場では、カラフトシシャモと区別して、本ししゃもと呼ぶことも。

○旬の野菜

しめじ

「香り松茸、味しめじ」のことば通り、しめじは

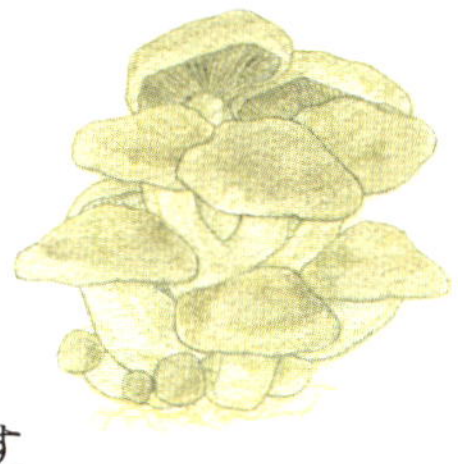

旨味に満ちています。ほんしめじは、広葉樹やアカマツなどの林に自生する野生種のこと。よく出回っているのは、ぶなしめじで種類が違います。また、しめじの名前でお店に並ぶものはほとんどが、ひらたけの一種。野趣あふれる、ほんしめじは年々稀少になっているとか。ほんしめじの旬は九月〜十月。

○旬の兆し

雁《かり》渡《わた》し

晩秋、雁が海を越えて渡ってくるころに吹く北風が、雁渡し。また青北風《あおきた》とも呼ばれます。灰がかった曇り空と、冷たい北の海の間を、渡り鳥が群れをなして飛んでくる姿には、その懸命さにハッとさせられる時があります。

草木より人飜《ひるがへ》る雁渡し　岸田稚魚《ちぎょ》

○旬の草花

ななかまど

山で見かけることも、北国の街路樹として出会うこともある、ななかまど。初夏に枝先に白い小花を咲かせ、秋には紅葉し、真っ赤な丸い実が房になって実ります。雪の降るころには、白に赤い実の色が際立ちます。七度竈《かまど》に入れても燃え残るほど、燃えにくい木のたとえから、その名がついたといいます。

寒露

次候

菊花開く《きっかひらく》

菊の花が咲きはじめるころ。
菊は初め薬草として、奈良時代に中国から伝わったとか。
（新暦では、およそ十月十三日〜十月十七日ごろ）

候のことば

菊枕《きくまくら》

旧暦九月九日の、重陽の日に摘んだ菊の花びらを、乾かして詰め物にし、菊枕にします。菊の香り漂う寝心地に、恋する人が夢に現われるともいわれ、女性から男性に贈られたそう。漢方では解熱に用いる菊は、邪気を祓い、長寿を得るとされています。

采菊東籬下　菊を采《と》る東籬《とおり》の下《もと》
悠然見南山　悠然として南山を見る
陶淵明《とうえんめい》「飲酒二十首」より

○旬の魚介

はたはた

秋田の郷土料理には欠かせない魚が、はたはたです。白身には旨味があり、ぶりこと呼ばれる卵にはコクがあって、口の中でプチプチした食感が広がります。旬は、ぶりこを持ちはじめる十月。はたはたを塩漬けにして発酵させた魚醤《ぎょしょう》は、しょっつるといって、鍋のだしをはじめ料理の調味料として活躍します。

はたはたやいてたべるのは
北国のこどものごちそうなり。
室生《むろう》犀星《さいせい》「はたはたのうた」より

○旬の果物

栗 くり

日本にかぎらず古来より栗は、身近な食物でした。旬は九月〜十月。多く出回っているのはニホングリ。また天津甘栗のチュウゴクグリや、マロングラッセに使われるヨーロッパグリなどがあります。栗に含まれるビタミンCは、豊富なでんぷん質に守られて、加熱してもこわれにくいそう。鶏肉や里芋と食べると、疲労回復に。

○旬の兆し

菊《きく》晴《ば》れ

菊の花の咲くころに青空が晴れ渡ることを、菊晴れといいます。菊は仙人の住むあたりに咲く花とされていたそうで、古くは菊に降りた朝露で体をぬぐう菊の被綿《きせわた》を行なって、長寿を願ったとか。気持ちよく晴れた秋空は、それだけで心身が健やかな一日を過ごせそう。

○旬の行事

神嘗祭 かんなめさい

五穀豊穣に感謝して、その年とれた米の初穂を天照大神《あまてらすおおみかみ》に奉る伊勢神宮の祭が、神嘗祭です。神嘗とは、神の饗《あえ》から来たことばとか。饗とは、食事でもてなすという意味。

寒露

末候 蟋蟀戸に在り
きりぎりすとにあり

きりぎりすが、戸口で鳴くころ。山野に出かけて虫の声を楽しむことを、虫聞《むしき》きと。（新暦では、およそ十月十八日〜十月二十二日ごろ）

候のことば
こおろぎか、きりぎりすか

この候の「蟋蟀」は、こおろぎか、きりぎりすか？ 諸説ありどちらとも定かではないようです。こおろぎの鳴き声の風情は、早くも万葉集に歌われていたとか。また、きりぎりすは別名を機織り虫と呼ばれるそう。由来は、鳴く声がギーッチョン、ギーッチョンと機織りのように聞こえるから。秋が深まり、野をにぎわせていたはずのきりぎりすやこおろぎが、明かりや暖かさに惹かれてなのか人の住まいにこっそり近づくさまを想像すると、ほほえましく思えます。

○旬の魚介
鯖
さば

塩焼き、みそ煮、しめ鯖、刺身……。脂ののった鯖は、味わい方さまざま。秋鯖と呼ばれる通り、旬は秋から冬にかけて。国産の真鯖《まさば》は稀少で、お店に並ぶのは多くがタイセイヨウサバだそう。青魚の王さまといわれるほど栄養豊富で、鯖の脂は血液をさらさらにしてくれます。傷みやすいので、選ぶときは身が硬く、青光りしている新鮮なものを。

○旬の果物
柿《かき》

「柿が色づくと医者が青くなる」といわれるほど栄養豊富な柿。ビタミンCを多く含み、かぜの予防にひと役買います。また、二日酔いにいいともいいますが、渋味のもとのタンニンがアルコールを分解してくれるおかげ。旬は十月〜十一月。ヘタに張りがあって、皮に張りついているものが新鮮です。

○旬の野鳥
真鶴《まなづる》

冬になると、中国の北の地方やモンゴルから日本へ渡ってくる真鶴。頭からのど、首の後ろにかけて白い羽毛でおおわれ、翼を広げると二メートルほどになります。

若の浦に潮満ち来れば潟《かた》をなみ
葦辺をさして鶴鳴き渡る
山部赤人《やまべのあかひと》

（和歌の浦に潮が満ちてくると干潟がなくなり、鶴が葦のほとりへ鳴き渡っていきます）

○旬の行事
鞍馬《くらま》の火祭

かがり火を焚いた街中を、松明を持って練り歩く京都の由岐《ゆき》神社の例祭が、鞍馬の火祭です。平安時代に、由岐明神が京都御所から鞍馬へ遷されたとき、道々に鴨川の葦をかがり火としたことから始まったそう。サイレイヤ、サイリョというかけ声は「祭礼や、祭礼」の意味とか。持ち寄られた松明は、最後に鞍馬寺の山門前にひしめき合います。毎年十月二十二日。

霜降《そうこう》

霜降とは、朝夕にぐっと冷え込み、霜が降りるころのこと。初めは山のほうで、十二月に入ると平野にも霜がやってきます。

どんぐり

くぬぎや楢《なら》、樫《かし》や柏《かしわ》の木の実が、どんぐり。まん丸いものから、先のとんがったものまで形はいろいろ。縄文時代には渋抜きをして食べていたといわれますが、種類によってはほのかな甘みがあるものも。秋のどんぐり拾いは、子どもたちの遠足の楽しみです。

どんぐりが　ぽとぽとり
やぶのなか　ころころり
工藤直子「どんぐり」より

霜降

初候　霜始めて降る《しもはじめてふる》

霜が初めて降りるころ。
農作物には大敵。足もとから冷えが来ないように気をつけて。
（新暦では、およそ十月二十三日〜十月二十七日ごろ）

候のことば

十三夜

中秋の名月ともう一夜、後《のち》の月と呼ばれる旧暦九月十三日の十三夜も、名月として月見をする楽しみが秋にはあります。十三夜のころに収穫される作物にちなみ、栗名月、豆名月とも。十五夜と十三夜を併せて、二夜《ふたよ》の月と呼びならわします。十五夜を眺めて、十三夜を見ないのは、片月見《かたつきみ》として忌みきらわれました。

ふるさとの山の正座す十三夜　神蔵器《かみくらうつわ》

○旬の魚介

ほっけ

ほっけの干物は、酒の肴の定番。塩気がきいて、ふっくらとした身は、ごはんにもよく合います。旬は春と秋ですが、それぞれで味わいが大きく異なるのが特徴です。脂がのった春は、塩焼きや干物に。秋は、すり身をほっけ団子の汁や鍋などに。干物は身のほうから強火から中火でじっくり焼くと、旨味が閉じ込められておいしく焼けます。

○旬の野菜

とんぶり

とんぶりは秋田北部の特産品で、ホウキギと呼ばれる野草の実を乾燥させてから煮て、果皮を取り除いたもの。口の中でプチプチとはじける食感から「畑のキャビア」といわれます。山芋や納豆、大根おろしと混ぜて、酒の肴にするのがおつ。旬は十月〜十一月。

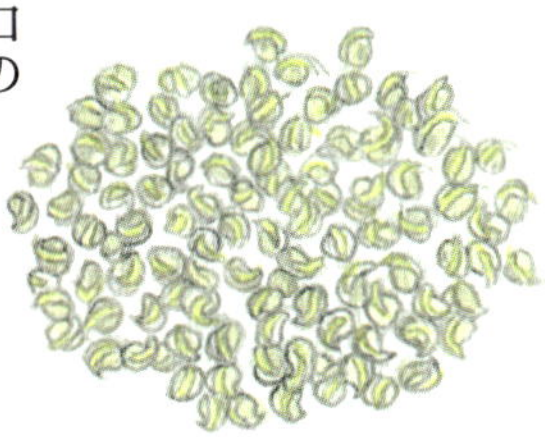

○旬の草花

紫式部《むらさきしきぶ》

秋がしだいに深まり、実が熟してやがて紫に染まる、紫式部。美しい実の色を、『源氏物語』の作者にたとえて名づけたそう。やわらかな緑をした葉のつけ根に紫の実がなり、色の対比があざやかです。白い実がなる白式部も。

○旬の野鳥

ひよどり

ヒーヨ、ヒーヨと鳴く声から、ひよどりという名がついたとも。木の実や、やぶつばきなどの花の蜜を好みます。人里でも見かける身近な野鳥で、庭先にみかんやりんごを置いておくと、食べに来ることも。平安時代、貴族の間では、飼い主をちゃんと見分けるので、よくこの鳥が飼われていたとか。

霜降

次候 霎時施す

しぐれときどきほどこす

時雨が降るようになるころ。古の都人が歌に詠んだ、さあっと降っては晴れる、通り雨の小気味よさ。（新暦では、およそ十月二十八日～十一月一日ごろ）

候のことば

初時雨　はつしぐれ

ふいに強い雨が降りかかり、見る間に去っては青空が広がる時雨は、晩秋から初冬にかけての空模様。ひとところだけに降る片時雨や、横なぐりの横時雨、また訪れる時々で朝時雨、夕時雨、小夜時雨など。その年の秋の初時雨は、野山の生きものも人々もそろそろ冬仕度を始める合図です。

旅人と我名《わが》よばれん初しぐれ　芭蕉
又山茶花《さざんくわ》を宿々《やどやど》にして　由之

○旬の魚介

きんき

赤い美しい見た目に、脂がのったきんきは、煮つけが絶品。皮下のゼラチン質には旨味が詰まっていて、皮霜造りでいただくのがいちばん美味とも。旬は秋～冬。

煮つけは旨い魚にかぎる

きんきの煮つけ

うろこ、えら、はらわたを取り、洗ったら身の表と裏にななめに切れ目を入れます。水、酒、しょうゆ、みりん、砂糖を煮立てたら、表を上にして入れ、落としぶたをして強めの中火で10分〜12分。ひっくり返すと身が崩れるので返さずに煮ます。時々身に煮汁をかけて。木の芽を添えて、できあがり。

○旬の野菜

山芋 やまいも

すりおろした山芋をかけるとろろごはんは、消化によくてスタミナがついて、しかも美味。昔から「山のうなぎ」と呼ばれてきました。ひと口に山芋といっても、日本原産の自然薯《じねんじょ》や大和芋《やまといも》、長芋《ながいも》など、実は600種類以上もあります。十月末〜二月が旬。

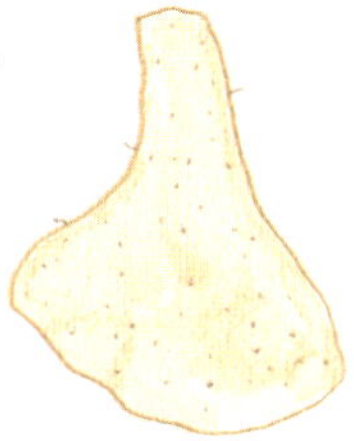

○旬の日

初恋の日

島崎藤村の詩「初恋」が発表されたのが、明治二十九年（一八九六年）十月三十日でした。それにちなんで、この日が初恋の日になりました。

まだあげ初《そ》めし前髪《まへがみ》の
林檎《りんご》のもとに見えしとき

島崎藤村「初恋」より

○旬の行事

宇和津彦神社《うわつひこじんじゃ》秋祭り

宇和津彦神社、通称一宮様《いっくさま》の秋祭りは、愛媛県の宇和島で十月二十八日と二十九日に行なわれます。目を惹くのは、五〜六メートルもの巨大な赤い牛鬼《うしおに》。たくさんの男手に掲げられ、神輿を先導して街を練り歩きます。赤い布に上半身をおおい、鹿のお面をつけて少年たちが踊る八鹿《やつしか》踊りも見どころ。

霜降

末候　楓蔦黄なり《もみじつたきなり》

紅葉《もみじ》や蔦が色づくころ。
草木が黄や紅に染まることを、もみつといったのが語源だそう。
（新暦では、およそ十一月二日〜十一月六日ごろ）

候のことば

山粧う《よそおう》

秋の山が紅葉するようすを、山粧うといいます。また、春の山のさわやかな初々しさは、山笑う。夏の山のあおあおとしてみずみずしいさまは、山滴《したた》る。冬の山の枯れた寂しさは、山眠る。めぐる季節それぞれの山の表情を捉えるのは、郭熙《かくき》という、十一世紀の中国、北宋時代の画家のことばに由来しています。まるで山が生きているように、そこに宿る草木が生い茂っては、色づき、枯れ、また芽吹く一年を、大きな心で言い表わしているよう。

○旬の魚介

かわはぎ

ふぐに勝るとも劣らないおいしさの、かわはぎ。旬は秋〜冬。秋が深まるにつれ、味わいが増すのが日本酒好きにはたまりません。シコッと締まった食感で、味わい深い旨味です。茹でてしょうゆに溶かした肝を刺身にからめて食べると、舌がとろけるよう。煮ても焼いても美味なりです。

○旬の野菜

さつまいも

日本では江戸時代から栽培がはじまったという、さつまいも。じんわりとした甘みで、煮ても焼いてもおいしく味わえます。熱々にふかした石焼きいもは、寒い時期の楽しみ。ビタミンや食物繊維が豊富なのもうれしいところ。旬は十一月〜二月。

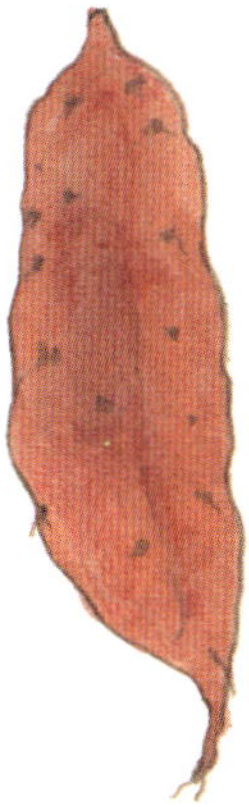

○旬の草花

紅葉

紅葉といえば楓のことですが、すぐ思い浮かぶのは、開いたてのひらの形をした葉の、いろは紅葉。また、さまざまな木々が色づくさまを、桜紅葉、柿紅葉などと呼びならわします。語源は、草木が赤や黄に染まることを「紅葉《もみ》つ」「黄葉《もみ》つ」といい、その葉を「もみち」と呼んだことから。秋も深まると、紅葉の時期が待ち遠しくなります。

○旬の行事

弥《や》五《ご》郎《ろう》どんまつり

身の丈四・八五メートルの巨人、弥五郎どんが境内に現われ、浜下りをしてまちを練り歩く豪快な弥五郎どんまつり。鹿児島県曽於《そお》市大隅の岩川八幡神社では、十一月三日午前一時、「弥五郎どんが起きっどー」のかけ声とふれ太鼓で、祭のはじまりが告げられます。弥五郎どんの巨体を包むのは、二十五反もの木綿でつくった梅染めの衣。弥五郎どんゆかりのものに触ると無病息災とされ、宮崎の山之口町富吉や日南市飫肥《おび》でも行なわれる、南九州の祭です。

冬

夜更けに音もなく雪が降り積もると、翌朝いちめん銀世界に変わる冬。あわただしく過ごす年の瀬から、気持ちもあらたまる新年を迎えます。ほんの一日を境にして様変わりする、この季節の不思議。

いくたびも雪の深さを尋ねけり　正岡子規
（何度も何度も、どれくらい雪が積もっているかを尋ねていました）

立冬《りっとう》

立冬とは、冬の気配が山にも里にも感じられてくるころのこと。木々の葉が落ち、冷たい風が吹き、冬枯れのようすが目立ってきます。

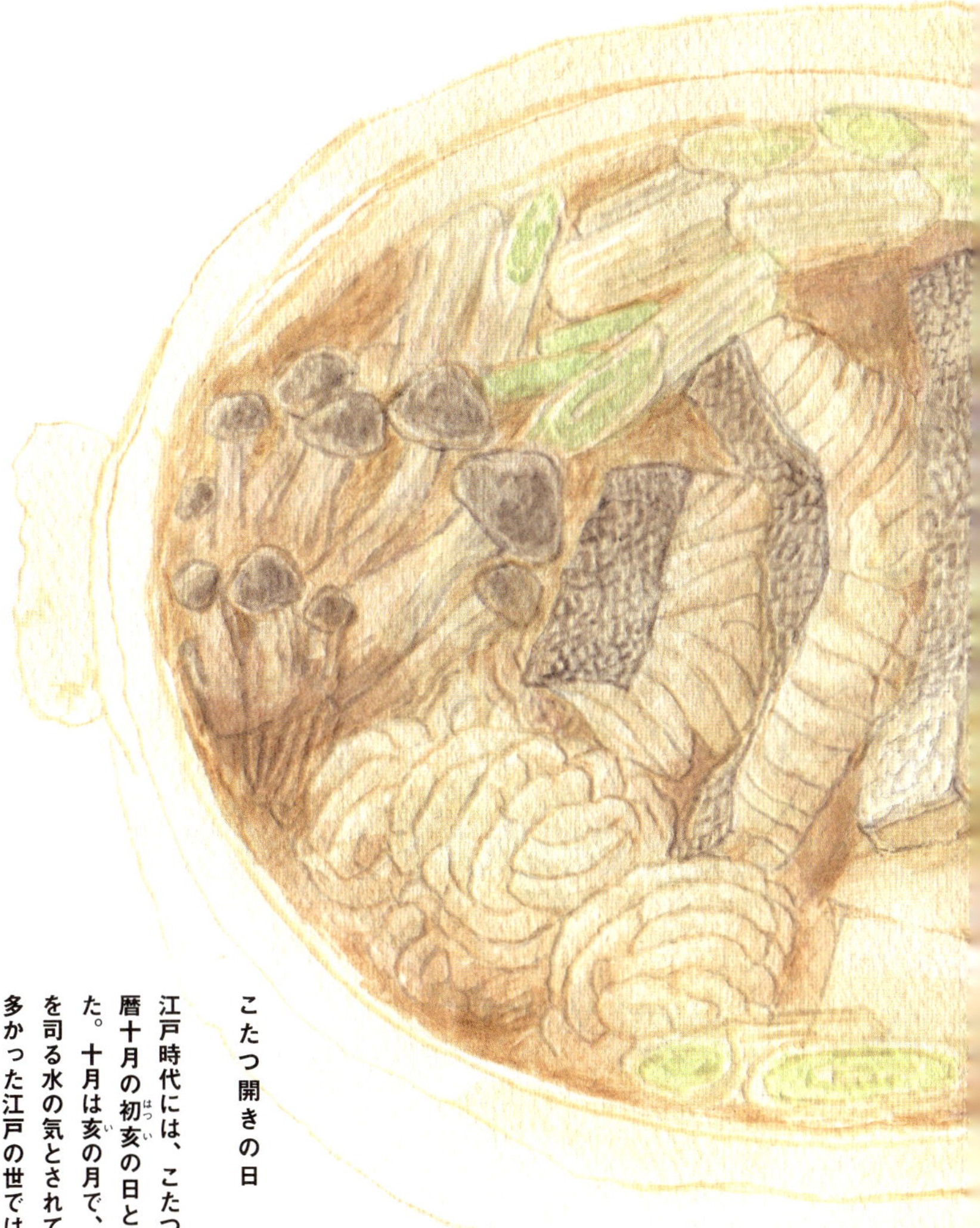

こたつ開きの日

江戸時代には、こたつを出すのは、旧暦十月の初亥《はつい》の日と決まっていました。十月は亥《い》の月で、亥は五行では火を司る水の気とされています。火事が多かった江戸の世では、亥の月の亥の日にこたつ開きをすれば、その冬は火事にならずに済む、という縁起担ぎのような言いならわしがあったとか。

立冬

初候

山茶始めて開く

つばきはじめてひらく

山茶花《さざんか》の花が咲きはじめるころ。候には「つばき」とありますが、ツバキ科の山茶花をいいます。

（新暦では、およそ十一月七日〜十一月十一日ごろ

候のことば

落ち葉焚き

道沿いの垣根に、山茶花の花が咲いていると、ふっとそこが明るくやわらいだような印象を受けます。落ち葉を掃き集めて家の前で焚き火をするなど、いまでは見かけなくなりましたが、童謡に歌い継がれる通り初冬の風物詩です。もともと中国ではツバキ科の花を総じて山茶というらしく、山茶花の花が椿によく似ていたため、混同されてその名がつけられたようです。

山茶花の垣一重なり法華寺《ほっけでら》　夏目漱石

○旬の魚介

ひらめ

透き通った白身が美しい、ひらめ。「鯛やひらめの舞い踊り」と歌われるほど、昔から海の幸のごちそうとされてきました。旬は九月〜二月。白身の刺身では極上とされ、とりわけえんがわは食感も甘みも旨味も文句なし。旬の握りは脂がのってとろけるよう。

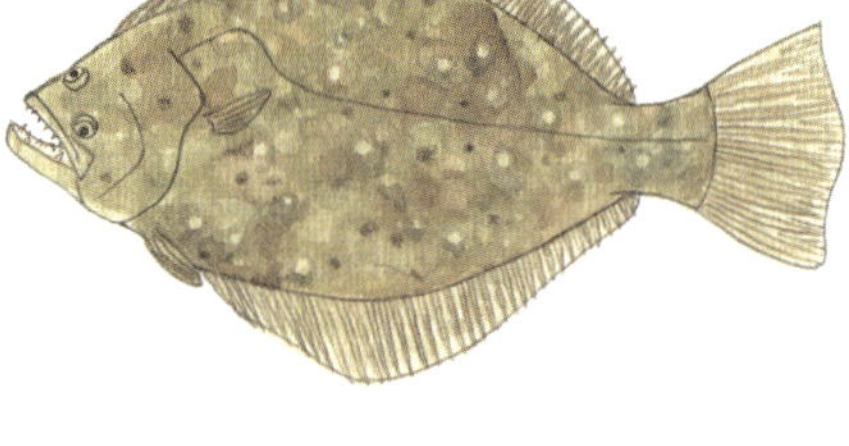

○旬の果物

みかん（温州《うんしゅう》みかん）

蜜のように甘い柑橘だから、蜜柑《みかん》と呼ばれるようになったそう。江戸初期に中国から伝わった種から偶然生まれたのが、温州みかんだといいます。手で簡単に皮をむけ、果汁がみずみずしく、ビタミンCが豊富。寒い時期にこたつに入って、みかんを食べる時間は何よりの幸せ。旬は九月～二月です。

○旬の日

鍋の日

冬の語源は、一説では、冷ゆから来たといわれます。だんだん寒くなってきて、いよいよ鍋料理のおいしい季節の到来です。十一月七日は、一（い）七（なべ）の語呂合わせから、鍋の日だそう。水炊き、土手鍋、湯豆腐、しゃぶしゃぶ……。みんなで集まって、旬の物をあつあつで味わいませんか。

○旬の行事

嵐山もみじ祭

京都、嵯峨野の山が色づくころ、毎年十一月第二日曜日に嵐山もみじ祭が開かれます。渡月橋《とげつきょう》上流の大堰川《おおいがわ》に数艘の船が浮かび、平安絵巻さながらの貴族装束に身を包んだ人々が、船上で狂言や舞、雅楽演奏などを披露する雅な催しです。

亥《い》の子《こ》

昔中国では亥の月亥の日亥の刻に、子どもたちが亥の子餅を食べれば健康に育つという、亥の子という習慣がありました。子だくさんの亥《いのしし》にあやかった行事だそう。

立冬

次候

地始めて凍る《ちはじめてこおる》

地が凍りはじめるころ。
霜が降り、氷が張り、季節は冬を迎えます。
（新暦では、およそ十一月十二日〜十一月十六日ごろ）

候のことば

七五三

数えで男の子は三歳と五歳、女の子は三歳と七歳のときに、健やかに成長したことを祝って、その年の十一月十五日には、神社へ七五三のお参りをします。いまほど医療が整っていなかった昔には、子どもが育っていくことが今以上にありがたいことでした。すくすく大きくなりますようにと、長生き、めでたいという意味を込め千年と名づけられた千歳飴《ちとせあめ》は、江戸時代に浅草寺の境内で売られたものがはじまりといわれています。

○旬の魚介

毛蟹

けがに

蟹の中ではやや身が小ぶりな毛蟹ですが、とっておきのおいしさが、みそにあります。甘みのある脚の身も美味。焦げ茶色の甲羅が茹でると赤に。深いコクのある蟹みそは、そのままいただいても、身と和えても◎。ごちそうの後は、一杯で二度おいしい甲羅酒に。旬は秋冬。

しめに一杯　毛蟹の甲羅酒《こうらざけ》

まず蟹みそを食べきらず、甲羅に残しておきます。甲羅に小穴が開いていたら、米粒などでふさぎ、日本酒を注いで波々と。網にのせ、直火であぶって温めると、生臭さが飛んでおいしい甲羅酒のできあがりです。

○旬の野菜

ほうれんそう

別名冬葉と呼ばれるほどの、冬野菜の代表格がほうれんそうです。旬の冬どりほうれんそうのビタミンCは、夏の三倍とも。鉄分も豊富で、外食がちなときや貧血気味の人の頼れる味方。旬は十一月〜一月。選ぶときは、葉先がピンとして色あざやかなものを。

○旬の草花

茶の花

茶の花や利休が目にはよしの山　　山口素堂

秋から初冬にかけて咲く茶の花は、白い五枚の花弁の真ん中に黄色い蕊《しべ》が集まる小さな花。わびさびを感じさせる風情は、茶の湯でも好まれたそう。

○旬の日

十六団子の日

春に山から里へ下りてきた田の神さまを十六個の団子でもてなしましたが、今度は山へ帰る神さまを見送ります。豊作への感謝を込めて、農家ではやっぱり十六個の団子をお供えします。

立冬

末候 金盞香し《きんせんこうばし》

水仙の花が咲き、かぐわしい香りが漂うころ。
金盞とは金色の杯を意味し、黄色い冠をいただく水仙の別名です。
（新暦では、およそ十一月十七日〜十一月二十一日ごろ）

候のことば

水仙

白い六枚の花びらの真ん中に、黄色い冠のような副花冠《ふくかかん》を持つ水仙。その花のようすをたとえて金盞銀台《きんせんぎんだい》とも。開花時期は十一月〜三月。上品な香りと、清楚なたたずまいから正月のための生け花にも用いられます。

或る霜の朝水仙の作り花を
格子門の外よりさし入れ置きし者の有けり
樋口一葉「たけくらべ」より

○旬の魚介

甲いか

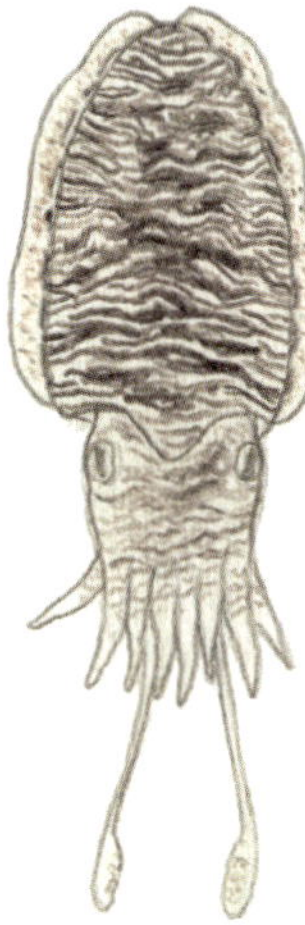

いかは大別すると、甲（貝殻）を持っている甲いかと、筒いかがあります。甲いかの身は厚くて、甘みがあるのが特徴。墨をたくさん吐くので、関東では墨いかという別名も。旬は九月〜二月。春に生まれて、夏に甲が五センチほどになる新いかは、人気の寿司ネタ。旬の走りのものは重宝がられ、やわらかくてコリコリとした食感です。

○旬の野菜

れんこん

れんこんの旬は、晩秋から冬にかけて。その年の夏に高温の晴れが多いほど、おいしいれんこんが豊作になるとか。しゃっくりとした歯応えで、ビタミンCや食物繊維、ポリフェノールが豊富な冬の根野菜。れんこんの穴は、先を見通せて縁起がいい、と正月のおせち料理でも活躍します。ちなみに十一月十七日は、れんこんの日。

○旬の野鳥

まひわ

冬を告げる鳥といわれるのが、立冬のころに北から渡ってくる、まひわです。顔や胸、腰、羽の縁は黄色く、背中は黄緑、翼は黒いあざやかな見た目。冬木立に群れなしてとまり、寂しい景色に色を添えてくれます。

○旬の兆し

ミーニシ（新北風）

沖縄では十月〜十一月ころに、すうっと風の気配が変わり、涼しい北風が吹き渡ります。暑い季節に終わりを告げる北寄りの季節風、ミーニシです。この風にのって、九州からタカ科のサシバが渡ってくる鷹の渡りは、この時期ならではの沖縄の風物詩のひとつ。

○旬の行事

出雲大社の神在祭

旧暦十月の別名は神無月《かんなづき》。それは全国の神さまたちが出雲の国に出かけて留守にするから。だから逆に出雲では、神在月《かみありづき》。旧暦十月十日から十七日まで、八百万の神々が大切な話し合いをするのです。出雲大社では、神迎え、神在祭、神送りなどの行事が目白押しで、人間も大わらわ。

小雪《しょうせつ》

寒さが進み、そろそろ雪が降りはじめるころのこと。とはいえ雪はまださほど大きくなく、寒さもそこまではありません。

小春日和《こはるびより》

旧暦十月のことを小春といって、新暦では十一月か十二月上旬にあたるころ、それまでの寒さが打って変わって、暖かな日射しに包まれた陽気になるときがあります。そんな日を小春日和といいますが、何日か暖かい日が続くと、春の花が勘違いして、咲き出すことも。小春日和の早咲きは、帰り花や忘れ花、狂い咲きなどといわれます。

小雪

初候　虹蔵れて見えず《にじかくれてみえず》

虹を見かけることが少なくなるころ。北陸では、冬季雷《とうきらい》と呼ばれる雷が増してきます。（新暦では、およそ十一月二十二日〜十一月二十六日ごろ）

候のことば

新嘗祭《にいなめさい》

十一月二十三日の勤労感謝の日は、もともと秋の収穫に感謝を捧げる新嘗祭の祭日でした。その年に収穫された新米や新酒を、天地の神さまに捧げます。一説には飛鳥時代からともいわれるほど、古くからある行事で、いまでも宮中や伊勢神宮などの神社で行なわれています。

新米といふよろこびのかすかなり

飯田龍太《りゅうた》

○旬の魚介

くえ

天井知らずに高値がつく、いまもっとも人気のある魚のひとつが、くえ。旬は秋から春にかけて。全長一メートル以上あり、大物になるほど美味とか。あっさりしながら、上品な旨味を持つ白身で、刺身にするときは、肝や胃袋も一緒に味わいます。濃厚な旨味と甘みの肝。コリコリした食感で、旨味が詰まった胃袋。

また、くえといえば醍醐味は鍋が◎。唐津では十月二十九日の秋の例大祭、唐津くんちで、アラ（くえ）の姿煮を食べるのがならわし。

プルプルの皮までおいしい　くえ鍋

くえは湯引きに。水に昆布を浸しておき、火にかけて沸く直前に取り出します。酒、塩を入れ、煮立てて煮汁をつくり、くえの切り身、アラ、せりやしめじなど好みの野菜を入れ、煮ながらいただきます。

○旬の果物

りんご

「一日一個のりんごで、医者いらず」というほど、りんごは栄養がいっぱい。カリウム、カルシウム、鉄分、食物繊維、ビタミンC……。そのうえ甘い蜜に満ちて、しゃくっという歯応えも小気味よい果物です。ペクチンやポリフェノールを含む皮の部分も一緒にオーブンで焼いて、焼きりんごにしては。旬は秋〜冬。

○旬の草花

野茨《のいばら》

五〜六月ごろに香りのいい白い花を咲かせた後、晩秋から初冬のころ、野茨は小ぶりで光沢のある赤い実をつけます。実は果実酒にも、乾燥させて便秘や利尿の薬にも使われています。

○旬の日

てぶくろの日

これから寒くなってくる時期なので、手がかじかまないようにと、昭和五十六年（一九八一年）に勤労感謝の日をてぶくろの日に決めたそう。お気に入りのてぶくろがあると、冬のお出かけの楽しみがひとつ増えます。あったかくして、マフラーも忘れずに。

小雪

次候　朔風葉を払う

さくふうはをはらう

冷たい北風が、木々の葉を払い落とすころ。朔風の朔とは北という意味で、木枯らしのことです。（新暦では、およそ十一月二十七日〜十二月一日ごろ）

候のことば

木枯らし

北風、木枯らし、空《から》っ風。初冬に吹く冷たい風は、木の葉を吹き飛ばしてしまいます。葉を落とした幹と枝だけの冬木立《ふゆこだち》は、いかにも寒そうな冬景色。また、山を越えて吹きつけてくる空っ風は、冷気を帯びた冷たく強い風。とくに群馬は上州の空っ風が有名です。

どっどど　どどうど　どどうど　どどう
青いくるみも吹きとばせ
すっぱいかりんも吹きとばせ
宮沢賢治「風の又三郎」より

○旬の魚介

かます（あかかます）

「かますの一升飯」ということばがあり、かますの塩焼きが一尾あれば一升でもごはんを食べられるというほど、その塩焼きは定番。産卵の前後を除けばいつでも美味ですが、とくにおいしい旬は脂がたっぷりのった大物がとれる秋から冬。刺身や酢締めも美味なりです。

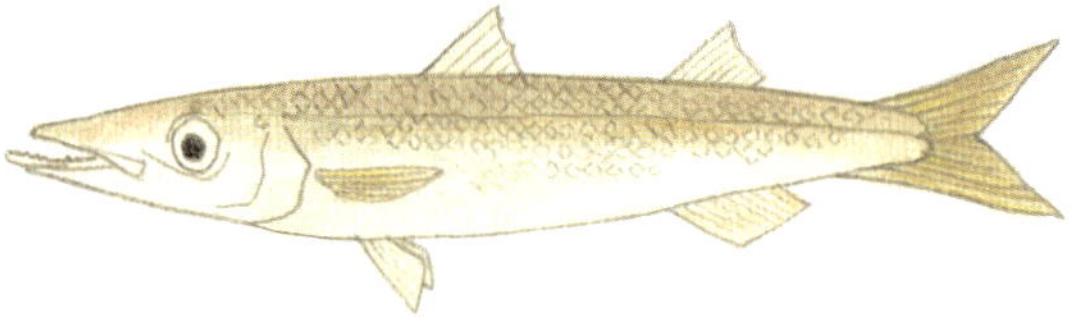

○旬の野菜

白菜《はくさい》

冬の鍋は、白菜がないとはじまりません。霜にあたると葉の糖分が増し、おいしさが深まるとか。やや冷涼な土地を好んで育ちます。水溶性の栄養素を含み、寄せ鍋などに◎。おじやで締めくくって、栄養がしみ出たスープを余さずいただきましょう。旬は十一月〜二月。

○旬の草花

やつで

江戸時代には庭木として植えられていたという、やつで。七つから九つほどに分かれた葉先を、縁起のいい八と数えて八手《やつで》と名づけたとか。別名を、天狗《てんぐ》の羽団扇《はうちわ》といい、厄除けに用いられることも。初冬に花びら五つの白い小花が玉のように群れ咲きます。

○旬の野鳥

かわせみ

「渓流の宝石」と呼ばれ、また「翡翠《ひすい》」と書いてかわせみと読ませるほど、その美しい姿は人の心を魅了します。サーッと水に飛び込み、くちばしで小魚や虫を捕まえます。繁殖期には雄が雌にえさを捧げてプロポーズする習性も。印象的な青い鳥の姿は、構造色といって、光のかげんで青く見えるのだそう。爽やかな夏の渓流にも映える鳥ですが、白い雪の舞うなかを飛ぶ情景に、かわせみの美しさが際立ちます。

小雪

末候　橘始めて黄なり
たちばなはじめてきなり

橘の実がだんだん黄色くなってくるころ。冬でもあおあおとした常緑樹で、万葉集にも登場します。
（新暦では、およそ十二月二日～十二月六日ごろ）

候のことば

橘

古くから日本に自生していた常緑の木。国内の柑橘系で唯一の野生種とされています。古事記や日本書紀において、不老不死の実、非時香果《ときじくのかくのこのみ》として登場するのが橘ともいわれ、冬でも葉があおあおとして、まばゆい黄色の実をつけることから、古の人には、枯れることを知らない永遠の象徴のように映ったのかもしれません。

橘は実さへ花さへその葉さへ
枝《え》に霜降れどいや常葉《とこは》の樹

聖武《しょうむ》天皇

○旬の魚介

ぼら

ぼらはもともと子どものお食い初めや神事、祭事のときに用いられた、めでたい魚。日本人の生活に深い関わりを持ってきました。旬は秋から冬。

成長につれて名前が変わる出世魚で、小さなものから順に、はく、すばしり、おぼこ、いな、ぼら、とど。ぼらの卵巣が、長崎名物からすみです。

○旬の野菜

セロリ

独特の香味で好みが分かれるセロリ。江戸時代にはオランダ三葉《みつば》と呼ばれていたとか。カリウムが豊富で、ビタミンCも。香りのもとの成分アピインはいらいらをしずめる働きがあるそう。旬は十一月〜五月。

○旬の行事

あえのこと

田の神さまにその年の収穫を感謝し、翌年の豊作を祈る祭が、十二月五日ごろ奥能登で行なわれる、あえのこと。「饗《あえ》」はごちそう、「こと」は祭を意味します。紋付袴の正装で、家の主人が田の神さまを苗代田《なわしろだ》から家へ案内し、ごちそうやお風呂でもてなします。そして翌年まで神さまに家にいてもらい、二月九日に田の神送りといって、元の田へお送りします。

ひょうたん祭り

頭には巨大なひょうたんを冠り、足には三尺五寸（約一メートル十センチ）のおおわらじを履いたひょうたん様が、まちを練り歩いては人々に御神酒をふるまう不思議な祭。ひょうたん祭りは、大分県千歳町の柴山八幡神社で十二月四日に行なわれます。けれども肝心のひょうたん様がたんまりお酒を飲んでよっぱらっているため、周りの人が手助けしながらまちをめぐって行くのだとか。

雪の名前

雪の結晶は、花のよう。雪の花、六華《りっか》、銀花《ぎんか》などと昔の人が呼んだ気持ちがわかる気がします。降り積もった一面の雪景色を眺める雪見は、江戸時代の粋人たちに好まれたそう。木やポストの上にちょこんと積もった雪を、冠雪《かむりゆき》と。また木の枝から雪がすべり落ちるのを、垂雪《しずりゆき》といいます。

雪の日も小窓をあけてこのひとと
光をゆでる暮らしをします

雪舟《ゆきふね》えま

大雪《たいせつ》

大雪とは、いよいよ本格的に雪が降り出すころのこと。降雪地方では、雪の重みで木が折れないように雪吊りをします。

大雪

初候 閉塞く冬と成る《そらさむくふゆとなる》

天地の陽気がふさがり、真冬が訪れるころ。重たい灰色の雲におおわれた空は雪曇《ゆきぐもり》と呼ばれます。（新暦では、およそ十二月七日～十二月十一日ごろ）

候のことば

ふろふき大根

寒くなるとおいしくなるのが大根。晩秋から初冬が旬です。江戸っ子の味は白首大根《しろくびだいこん》といわれ、ピリッと辛みが身上。甘みが強く栽培しやすいことから広がっているのは青首大根《あおくびだいこん》。古事記などに登場する「おほね」が大根と漢字をあてられたのが語源とか。寒い冬の晩には、あつあつに茹でた大根に、練りみそをつけて食べるふろふき大根がおすすめ。あったまります。十二月九日は、京都・了徳寺の大根だきの日。

○旬の魚介

ぶり

寒ぶりといわれるように、寒い季節ほど脂がのっておいしいぶり。旬は十二月～二月。古くから伝統行事などに用いられてきた魚です。よく脂がのったぶりは、昆布だしのしゃぶしゃぶにすると◎。

何度煮返しても美味　ぶり大根

大根を2センチほどの輪切りにします。ぶりはサッと湯通しして冷水にとります。鍋に水、酒2カップ、しょうゆ1カップ、砂糖適量とスラ

イスしたしょうが、大根とぶりを入れたら、落としぶたをして2時間ほど煮てできあがり。みつばや白髪ねぎを添えていただきます。

○旬の野鳥

大鷺《だいさぎ》

鷺の中でもとりわけ大きな大鷺。長い首をたたむように縮めて空を飛びます。川や湖、また水田でも見かけることができます。大鷺と並んで大きな青鷺は、水際でじっとたたずみ、獲物の魚を見つけるとサッとくちばしで捕えます。

○旬の兆し

雪《ゆき》吊《つ》り

積雪の多い地方では、十一月〜十二月中旬に、積もった雪の重みで枝が折れないように、雪吊りをして木を守ります。幹に沿って木より高く支柱を立て、その天辺から八方に縄や針金を渡して一本一本の枝と結びます。さながら傘を少し開いたような趣で、兼六園の雪吊りは、大仕事ながら冬の風物詩です。

○旬の日

針供養《はりくよう》

縫い物が上手になりますようにと祈りながら、折れた針を供養する日が、十二月八日の針供養。古い針は、いつも固いものを刺しているから、今日だけはやわらかいものを、とこんにゃくや豆腐に刺して近くの神社に収めます。地方によっては二月八日にするところも。

大雪

次候

熊穴に蟄る《くまあなにこもる》

熊が穴に入って冬ごもりするころ。冬の間に、子どもを生み育てる雌もいるそうです。（新暦では、およそ十二月十二日～十二月十五日ごろ）

候のことば

正月の事始め

新年を迎える仕度をする、正月の事始めの日が十二月十三日。最初はすす払いから。一年の汚れを落とし、穢《けが》れを清める大掃除。江戸時代には城中も庶民もこの日に江戸中が大掃除。そして松飾り用の松の枝を山へとりに行く、松迎えがあります。新年の干支にあたる年男《としおとこ》が、新年の恵方《えほう》（縁起のいい方角）にある山からとってくるのがならわし。元旦に飾られる門松《かどまつ》は、正月の神さまである年神《としがみ》さまを迎えるための大切なしるしです。

○旬の魚介

牡蠣《かき》（真牡蠣）

秋から冬にかけてレストランの品書きに、かきフライが出てきます。牡蠣の旬は十一月～三月。十一月ごろ身が詰まり、十二月ごろ香りがよくなり、とりわけおいしいのは三月とも。生牡蠣も、牡蠣の土手鍋も美味。選ぶときは、貝柱が大きくふっくらしたものを。

○旬の野菜

ねぎ

ねぎは奈良時代に中国から伝わり、古くから体にいいとされてきました。かぜの予防や疲労回復、殺菌など。関東では白い部分を食べる根深ねぎを、関西では青い部分を食べる九条ねぎを好む傾向が。旬は十一月〜一月。

○旬の草花

椿（藪《やぶ》椿《つばき》）

万葉集の時代から数々の歌に詠まれ、近世には茶人に好んで用いられてきた椿。鑑賞するだけでなく、椿油は整髪料や高級食用油、明かりの油として役立ってきました。また椿の木は印材や工芸品の材料などに使われ、品質の高い木炭としても重宝されたそう。花一輪ごとぽたっと落ちるさまは落椿《おちつばき》と呼ばれ、散り際まで印象的です。

一枝に花ひとつきり冬椿　三橋鷹女《みつはしたかじょ》

○旬の行事

世田谷ボロ市

四百三十年以上の昔から続くボロ市が、東京の世田谷で毎年十二月十五日〜十六日と一月十五日〜十六日に開かれます。古着や古道具、農産物などを持ち寄ったことから、ボロ市という名がついたとか。いまでは出店が七百店もの大規模に。ボロ市名物は代官餅。その場で蒸して搗《つ》いた餅をいただきます。味はあんこ、きなこ、からみの三種。

大雪

末候 鱖魚群がる《さけむらがる》

鮭が群れなして川を遡るころ。
海で大きく育ち、ふるさとの川へ帰ってきます。
（新暦では、およそ十二月十六日〜十二月二十日ごろ）

候のことば

鮭 さけ

川の上流で生まれた鮭の稚魚は、海へと下り、数年かけて成長した後に元の川に戻ってきます。旬は、鮭が川をめざしてくる秋。そのため秋味とも呼ばれます。時折、産卵期の成魚に混じって、まだ未成熟の鮭がとれるそうですが、鮭児《けいじ》といってめったにとれない高級魚です。アイヌ語でカムイチェプ（神の魚）と呼ばれる鮭は、冬を越すための貴重な食料で、アイヌではその年初めてとれた鮭を盆にのせて、神に捧げるそうです。

○旬の野菜

にら

一年を通して出回るにらですが、冬から春のものは葉が厚くてやわらかくなります。体を温め、胃腸の機能を整え、かぜの予防、疲労回復などしてくれる薬用野菜として、古くは古事記にも登場するほど。茹でると匂いがやわらぐので、鍋料理に入れても◎。

○旬の虫

むらさきしじみ

羽を広げると、光沢のある青紫が美しい蝶。羽の裏側は褐色で、閉じると枯れ葉に姿が紛れて見つけにくくなります。成虫の状態で冬を越し、春が訪れるとふたたび活動を開始します。

○旬の行事

羽子板市《はごいたいち》

東京は浅草の浅草寺で、十二月十七日から十九日まで、縁起物の羽子板市が立ちます。暮れの大にぎわいで、境内にずらっと出店が並び、見物客でにぎわいます。江戸の昔は暮れの市だったそう。毎月十八日は観音さまのご縁日で、とくに十二月の納めの観音は一年の締めくくり。

○旬のメモ

念仏の口止め

一年の豊作を司る正月の神さま（年神《としがみ》さま）は念仏をいやがるからと、暮れの十二月十六日までで念仏おさめにするというのが、念仏の口止め。翌日から年明け一月十六日の念仏の口明けまで唱えてはいけないことに。そんな風習が地方によってあるそうです。

アイヌの知恵

川を上ってくる鮭ですが、アイヌの人たちは下流でとり尽くさずに、中流や上流で暮らす人の分も考えて節度のある漁をするといいます。おいしいからといって、いくらや白子を持った鮭を狙うのではなく、それらが上流で子を生む翌年以降のことまで配慮します。また産卵を終えた鮭をとるのは、脂肪が少なくて保存しやすいよさもあるそう。

冬至《とうじ》

冬至とは、一年でもっとも昼が短く、夜が長いころのこと。これから日が伸びていくので、古代には冬至が一年のはじまりでした。

冬至梅《とうじばい》

梅といえば早春に咲く花という印象ですが、このころに咲くのが冬至梅。一重咲きの白い花で、繊細な枝ぶりや上品な花の咲きようから、盆栽として好まれました。冬至のころといえば、雪が舞い散ることも珍しくありません。ひそやかな花のたたずまいから、趣のある雪中梅《せっちゅうばい》の情景がほの浮かびます。

梅の花降り覆ふ雪を包み持ち
　君に見せむと取れば消《け》につつ
　　　　詠み人知らず

（梅の花に降り積もる雪をてのひらに包んであなたに見せようと取ってみれば、すぐに消えてしまいます）

冬至

初候 乃東生ず《なつかれくさしょうず》

うつぼぐさの芽が出てくるころ。
年の瀬も押し迫り忙しい時期ですが、たまには休息も。
（新暦では、およそ十二月二十一日〜十二月二十五日ごろ）

候のことば

柚《ゆ》子《ず》と柚子湯

冬至といえば柚子湯。体を温めて、かぜ知らずに。この習慣は、冬至と湯治の語呂合わせからともいわれますが、かつては一年のはじまりだった冬至に、柚子の香りや薬効で体を清める禊《みそぎ》の意味があったといいます。初夏に白い花を咲かせ、秋に黄色い実がなる柚子。冬の鍋や焼き魚によく合います。また柚子胡椒は、ひと味きいた調味料として何かと活躍してくれます。

○旬の魚介

まぐろ（くろまぐろ）

目も背も黒いから真黒というのが、まぐろの名の由来だそう。縄文時代の貝塚から骨が出土するほど、古くから日本人が食べてきた魚です。本来の旬は冬。江戸の昔には、保ちをよくするため身をしょうゆ漬けにし、そのヅケを握ったのが寿司ネタになったとか。

○旬の草花

千両《せんりょう》・万両《まんりょう》

正月飾りとして縁起がいい千両、万両。夏に小花を咲かせた後、実がなり、冬に赤く熟します。千両は葉の上に実り、万両は葉の下に実がなります。切り花に向くのは千両、鉢植えなら万両という違いはありますが、どちらもおめでたい正月にふさわしい彩りを添えてくれます。

○旬の野鳥

こげら

国内で見られるきつつきの中でもっとも小さな、すずめほどの鳥が、こげらです。灰褐色と白の縞模様の羽が目を惹きます。きつつきが木をつつくのは、虫を捕ったり、巣穴を開けたりするほか、つつく音で縄張りを宣言したり、メスを呼んだりする意味も。メスに求愛するとき、こげらは一秒に二十回もくちばしをすばやく打ちつけ、その音を森に響かせるそうです。

○旬の兆し

雪風巻《ゆきしまき》

烈しく吹く風のことを風巻《しまき》といいます。風のことを、昔のことばで「し」と呼んだそう。そんな烈風吹きすさぶ中、雪が降りしきる雪風巻は、さながら猛吹雪《ふぶき》。

雪童子の眼は、鋭く燃えるやうに光りました。そらはすつかり白くなり、風はまるで引き裂くやう、早くも乾いたこまかな雪がやつて来ました。

宮沢賢治「水仙月の四日」より

冬至

次候

麋角解つる

しかのつのおつる

大鹿の角が抜け落ちて、生え変わるころ。トナカイの仲間で、大鹿の角のことを麋角《びかく》といいます。
（新暦では、およそ十二月二十六日～十二月三十日ごろ）

候のことば

小晦日

こつごもり

十二月三十日は小晦日、三十一日は大晦日《おおつごもり》という呼び方がありますが、つごもりとは、月が隠れる、月籠《つきご》もりのこと。月齢で数える太陰暦では毎月末日は新月のころで、つごもりにあたります。ちなみに二十九日の九は「苦」を連想させるため、大掃除は二十八日までに済ませることとされていました。正月の準備を整えて、明日は大晦日で、さて、とちょっとぽっかり空いた時間ができることも。一年をふり返りつつ、ぷらりと散歩もいいものです。

○旬の野菜

かぼちゃ

冬至には「ん」のつくものを食べると運気が上がるとか。かぼちゃは南瓜とも書いて「なんきん」とも。本来は夏が旬ですが、かぼちゃは保存がきくので冬の栄養に◎。β-カロテンやビタミンCが豊富で、「冬至の日にかぼちゃを食べるとかぜをひかない」といわれています。

○旬の魚介

鯉《こい》

縄文時代の昔から、日本人は鯉を食べてきました。かつては、鯛以上のごちそうだったそうです。旬は、冬の寒さで身が締まり、脂がのった十二月〜一月。鯉の洗いや甘露煮に。また鯉の身を濃いめのみそ汁で煮た、こいこくは一度味わってみたいもの。

○旬の野鳥

おなが

真っ黒い頭と、水色の羽、そしてスラッと伸びた尾がトレードマークの、おなが。「ギューイ」としゃがれた声で鳴くのは警戒しているとき。でもつがい同士では「チューイ、ピューイ」ときれいな声で鳴き交わします。おながにかぎりませんが、冷たい北風が吹きすさぶ寒い日に、かじかんだようにじっとしている鳥のようすを、かじけ鳥といいます。

○旬の行事

歳《とし》の市《いち》

正月を迎えるための買い物客でにぎわう歳の市。門松や松飾り、注連《しめ》飾り・注連縄《しめなわ》、鏡餅……。また、お節の材料や雑煮用の餅などの買い出しも。鏡餅は新年の恵方に向けてつくる恵方棚や、神棚、床の間に飾りますが、それらがないときは、白木の箱や塗り盆に半紙を敷き、その上に鏡餅を飾って棚の上などに供えます。

冬至

末候 雪下麦を出だす

せつかむぎをいだす

降り積もる雪の下で、麦が芽を出すころ。地中や、冬木立の枝先で植物は芽吹く力を育みます。
(新暦では、およそ十二月三十一日〜一月四日ごろ)

候のことば

正月

一月の正月と七月のお盆。半年に一度、収穫に感謝し、豊作を願い、そして先祖を敬う儀式は、古い時代から行なわれてきました。正月にお招きする年神さまは、田の神さまであり、ご先祖さまでもあります。旧暦では一日が新月、十五日が満月だったので、旧暦一月一日を大正月《おおしょうがつ》、十五日を小《こ》正月《しょうがつ》として祝いました。

何となく今年はよい事あるごとし
元日の朝晴れて風なし　石川啄木《たくぼく》

○旬の魚介

伊勢《いせ》海老《えび》

海の幸のごちそうといえば、伊勢海老。古くから儀式や祝宴、正月など大切な席に供されてきました。ことに長く伸びたひげを長生きの象徴に見立てて、長寿祝いの縁起物としています。プリプリした食感や甘みを味わえる姿造りは豪勢。残った殻は鍋やみそ汁のだしで二度おいしく。

○旬の野菜

百合根　ゆりね

ほんのりした甘みやほろ苦さ、ほころぶような食感の百合根。茶碗蒸しやがんもどきの具など京料理によく使われます。旬は十一月～十二月。小鬼百合《こおに》や山百合など、花を咲かせる百合の根を食べる文化があるのは、日本や中国など一部のよう。古くから滋養強壮の薬ともされてきました。

○旬の行事

年越しそば

大晦日《おおみそか》に食べる年越しそばは、一年を締めくくる年の瀬の風物詩。細く長く幸せに暮らせますように、との願いが込められています。折しも十一月～十二月は新そばの旬。除夜の「除」とは、一年の穢れを取り除くという意味。年のあらたまる節目に、香り立つ新そばをいただくのは、まさに心身の一新にふさわしいならわしです。

○旬の野鳥

雀　すずめ

冬の寒い時期、雀がちぢこまって羽毛をふくらませるさまを、ふくら雀と。また、元日の朝の雀や、そのさえずりを初雀《はつすずめ》といいます。

○旬の兆し

初茜　はつあかね

初日の出の直前の茜空を、初茜と。夜の暗がりから白み、明るみ、やがて茜色に染まる東雲《しののめ》の空は、日の出より先に元旦の訪れを告げます。

初茜してふるさとのやすけさよ　木下夕爾《ゆうじ》

小寒《しょうかん》

小寒とは、寒さが極まるやや手前のころのこと。寒《かん》の入《い》りを迎え、立春になる寒の明けまでの約一か月が寒の内です。

寒の入り

一年でもっとも寒いこの時期を「寒《かん》」といいます。小寒からはじまるので、寒の入り。「小寒の氷、大寒に解く」ということばがあるように、小寒に張った氷が大寒に解けるほど、むしろ小寒のほうが寒いと感じるときも。冷えきった夜半、見上げると、澄みきった夜空にさえざえと星が輝いていることがあります。白い息を吐きながら、頬をほてらせ、つい星のまたたきに見とれてしまうのもまた、このころならでは。

小寒

初候　芹乃栄う《せりさかう》

芹がすくすくと群れ生えてくるころ。
春の七草のひとつで、七日には七草粥をいただきます。
（新暦では、およそ一月五日～一月九日ごろ）

候のことば

春の七草

春の七草は、せり、なずな、ごぎょう（ははこぐさ）、はこべら（はこべ）、ほとけのざ（こおにたびらこ）、すずな（蕪《かぶ》）、すずしろ（大根）。五節句のひとつにあたる一月七日の人日《じんじつ》に、今年も健康でありますようにと願って、春の七草の入った七草粥をいただきます。江戸時代には、七草を包丁でとんとんと叩いて調理するとき、歌をうたいながらしたそうです。

草なずな　唐土の鳥と
日本の鳥と　渡らぬ先に

○旬の日

つめきりの日

新年明けて初めて爪を切る日が、一月七日とされています。七草粥をつくるとき、前日の晩に七草を包丁で叩いて水に浸しておいて、七日の朝に粥に入れるのが手順です。その粥をつくる前に、七草爪といって、七草を浸した水に爪をつけてやわらかくしてから切ると、その一年間かぜをひかないといわれています。

○旬の行事

どんど焼き

松飾りをつけておく期間のことを松の内といいます。関東では一月七日まで、関西では十五日までのところが多いよう。この日を過ぎると、松飾りや門松は外されます。役目を終えた正月の松飾りは、翌日八日（十日や十五日の地方も）のどんど焼きで燃やして、年神さまを天へ送るならわしです。書き初めも一緒に燃やして、燃えかすが空高く舞うと字が上達するとか。燃やすときに「どんどや」と声を発することが名の由来。

○旬の魚介

鱈《たら》（真鱈《まだら》）

鍋といえば鱈、というほど冬の定番の魚。やさしい白身の味は、鱈ちりにすると、他の具材と生かし合っておいしく、体が温まります。火が通りやすく、身が崩れやすいので、先に野菜、後から鱈、がいいようです。また、鱈の仲間のスケトウダラの卵がたらこや明太子に。鱈の旬はもちろん冬。白子のあるオスのほうが美味。

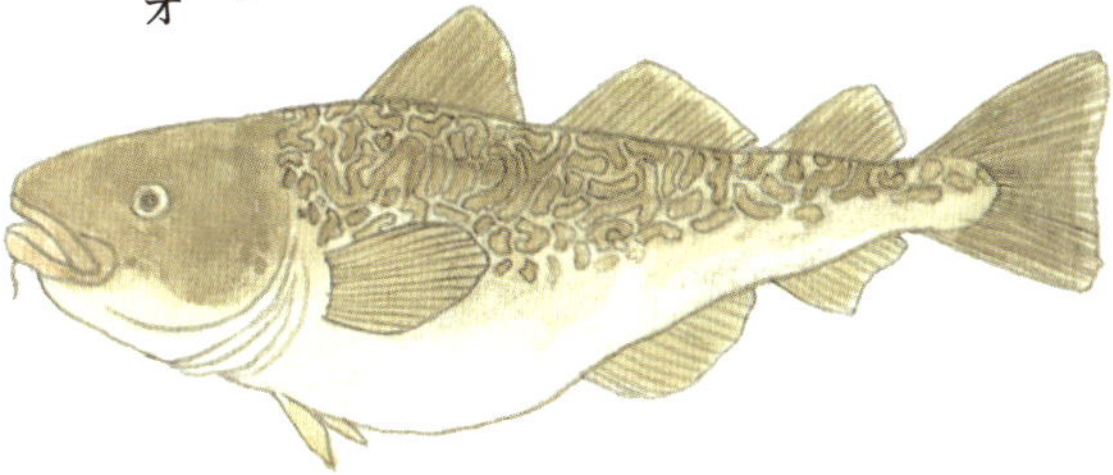

小寒

次候 水泉動く《すいせんうごく》

地中では凍っていた泉が動きはじめるころ。十日まで供えた鏡餅は、十一日に鏡開きをします。（新暦では、およそ一月十日〜一月十四日ごろ）

候のことば

十日戎《とおかえびす》

「商売繁盛で笹持ってこい」と景気のいい声を響かせるのは、えべっさんこと十日戎の祭のにぎわい。大阪の今宮戎神社では、一月九日の宵戎《よいえびす》、十日の本戎《ほんえびす》、十一日の残り福と、三日間祭が繰り広げられます。神社にお参りして福娘から福笹をもらい、鯛や俵、小判などの吉兆をつけたら立派な縁起物。右手に釣竿、左手に鯛を持つ恵美須《えびす》様は、七福神の一人で商売繁盛の神さまです。きっとご利益を運んできてくれるはず。

○旬の魚介

氷下魚《こまい》

水温が氷点下になっても凍らないから、その名も氷下魚。秘密は、零度以下でも凍らない成分が血液中にあるからとか。ヒメダラの名前で出回っている干物がおいしく、軽くあぶれば、酒のつまみにも、お茶漬けにも最高の味。

○旬の野菜

春菊《しゅんぎく》

鍋やすき焼きにあおあおとした彩りを添える春

菊。旬は十一月〜二月です。煮えてくたっとした葉には、独特の香りと苦みが。さっぱりとおひたしや和え物にしても◎。カロテンが豊富で、肌の健康やかぜ予防にいいそう。関西では菊菜とも呼ばれています。

○旬の草花

柊《ひいらぎ》

晩秋に白い小花を咲かせ、ほのかな甘い香りを漂わせる柊。常緑のつややかな葉はトゲトゲしており、「疼《ひひら》く」（ひりひり痛む）が名の由来だそう。古来、魔除けとして家の庭に柊を植えるといいとされてきました。

○旬の兆し

寒九《かんく》の雨

寒に入って九日目に雨が降ると、寒九の雨といって豊作の吉兆とされています。もっとも厳しい冬の寒さの中にも明るい展望を見出す、昔の人の自然観にはっとさせられる季節の雨です。

○旬の行事

鏡開き

一月十一日は鏡開き。年神さまに供えたお下がりとして、木槌や手で鏡餅を割っていただきます。もともとは餅を食べると力持ちになるからと、武家の風習だったとか。何日も飾った餅は固くてなかなか割れませんが、お雑煮や磯辺巻きにしたらやっぱりおいしい。

小寒

末候 雉始めて雊く《きじはじめてなく》

雉のオスが、メスに恋して鳴きはじめるころ。小正月《こしょうがつ》は十五日、正月納めもそろそろです。

（新暦では、およそ一月十五日～一月十九日ごろ）

候のことば

小正月

一月一日を大正月、十五日を小正月といい、旧暦ではちょうど満月を迎えます。新年最初の満月の日に、正月を祝っていたのです。なので本来はこの日までが松の内。小正月には小豆粥《あずきがゆ》を食べるならわしがありますが、小豆粥はお米と小豆を炊き込んだ、晴れの日の食べ物。平安時代の宮中では、小正月に米、小豆、粟《あわ》、ごま、黍《きび》、稗《ひえ》、ムツオレグサの七種粥を食べたそう。正月中も忙しく働いた女性たちがやっとひと息つけるころだから、女正月《おんなしょうがつ》とも呼ばれます。

○旬の魚介

鮟鱇

あんこう

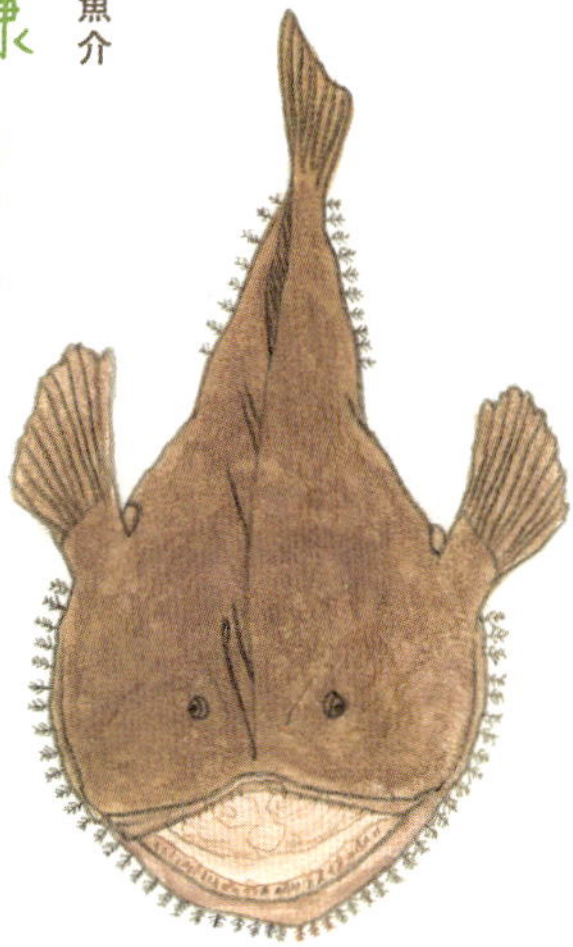

「鮟鱇は捨てるところがない」といわれ、トモ（ひれ）、皮、えら、アンキモ（肝）、水袋（胃袋）、ぬの（卵巣）、身のどれもおいしく、鮟鱇の七つ道具と呼ばれています。旬は冬。海のフォアグラとさえいわれるアンキモで鍋のだしをとり、七つ道具を入れ、みそで味つけするどぶ汁は絶品。また寿司ネタなら、身と肝を合わせたとも和えの軍艦

巻きが◎。

○旬の野菜

蕪《かぶ》

春の七草のひとつ、すずなは蕪の古名だそう。やわらかみのある春と、甘みの増す秋〜冬が旬。葉にはカロテンやカルシウム、鉄分などが、白くて丸い根にはビタミンCやカリウムが豊富です。鍋はもちろん、蕪の炊いたんも、お漬け物も、すりおろした蕪で白身魚や海老を包むかぶら蒸しも、じんわりと冬のおいしさを味わえます。

○旬の野鳥

雉《きじ》

雉のオスは、メスを求めて「ケーン」と甲高い声で鳴きます。その高鳴きが盛んになるのは実際には三月ごろで、まだ少し先のこと。鳴き声は「ほろほろ」という擬音でも表わされますが、むしろほろほろは羽音ともいわれます。林を歩いていて、ふいに雉が飛び立つ羽音にびっくりすることがあります。

○旬の草花

臘梅《ろうばい》

年明けに咲く花のひとつが、臘梅。淡い黄色の小花が枝にいくつも開きます。この時期は旧暦では十二月になり、別名を臘月《ろうづき》と。それが花の名の由来とか。香りかぐわしく、新春のあらたまる気持ちにしみ込むようです。

大寒《だいかん》

大寒とは、一年でもっとも寒さが厳しいころのこと。日がしだいに長くなり、春へ向かう時期でもあります。

三《さん》寒《かん》四《し》温《おん》

三日寒い日が続くと、その後には四日ほど暖かい日があるという意味の、三寒四温。中国の東北区や朝鮮半島でいわれていた言いならわしが、日本に伝わってきたもののよう。大寒とはいえ、寒いばかりではないよ、寒暖をくり返しながらだんだん春になっていくよ、という季節へのまなざしが感じられることばです。

大寒

初候　款冬華さく《ふきのとうはなさく》

蕗の花が咲きはじめるころ。
凍てつく地の下で、春の仕度が着々と進みます。
（新暦では、およそ一月二十日〜一月二十四日ごろ）

候のことば

二十日正月《はつかしょうがつ》

正月の祝い納めの日として、昔は仕事を休むならわしがあったのが、一月二十日の二十日正月。新年の家事などで働き通しだった女性が体を休めに里帰りしたり、小正月からの里帰りを済ませて帰宅したりする慣習がありました。正月に用いた魚の頭や骨の残りで、鍋や団子をいただいたことから骨正月、団子正月などの別名も。地方によっては、正月のごちそうや餅をこの日に食べ尽くすなど、正月のものは食べ残すまいという実りへの感謝の思いが込められます。

○旬の魚介

赤貝《あかがい》

赤いほど高値がつくという赤貝。
かつては東京湾でとれる江戸前のものが最高級とされていたそう。貝ならではの磯の香りと、しっかりした旨味が赤貝の持ち味です。酢との相性が抜群で、江戸前を代表する寿司ネタ。旬は十二月〜三月です。

○旬の野菜

小松菜《こまつな》

江戸の昔には、庶民がお雑煮に入れて食べたとい

う小松菜。旬は十二月～三月。寒さに強く、霜を受けるほど甘みが増し、葉がやわらかくおいしくなるという不思議な生命力の冬野菜です。鉄分やカルシウム、ビタミンA、Cなどが豊富なのもうれしいところ。週末に小松菜を茹でて冷凍保存しておけば、野菜不足のときなどに◎。

○旬の草花

南天《なんてん》

冬空の下、小さな赤い実をつける南天。「難を転じる」という意味に通じることから、縁起がいいとされ、正月飾りやおせち料理に用いられたり、葉が赤飯の飾りになったり。白い実をつける白南天もあり、漢方ではその白い実を干してせき止めの薬にするそう。

○旬の野鳥

あおじ

夏は山に生息していますが、冬になると人里へと下りてきて、地面を歩き回ってはえさをついばむ姿を見せてくれる、あおじ。褐色の羽毛に黒い縦縞が入っていて、おなかは淡い黄色をしています。「ピッツツ、ピッツツ、ツィリリリ」というさえずりが、冬の野原に快く響きます。

○旬の日

初地蔵

お地蔵さまの縁日は、毎月二十四日。その年の初めの縁日にあたる一月二十四日は、初地蔵と呼ばれます。巣鴨のとげぬき地蔵は、参拝の人出で大にぎわい。

大寒

次候　水沢腹く堅し《みずさわあつくかたし》

沢の水が厚く張りつめるころ。日本の最低気温*マイナス四十一度は、この時期に。（新暦では、およそ一月二十五日〜一月二十九日ごろ）

*明治三十五年一月二十五日、旭川市で記録

候のことば

春隣《はるとなり》

もうすぐそこまで春が来ているという意味のことば、春隣は冬の季語です。寒さがこたえる真冬の時期にも、かすかな春の予兆に目を向けては、暖かな季節に思いを馳せます。冬至を過ぎ、たとえ寒さが厳しい日にも、太陽の光は強さを増して、日射しは一日に畳の目ひとつ分ほど伸びていきます。

ひと口を残すおかはり春隣　麻里伊《まりい》

○旬の魚介

わかさぎ

厚く氷が張った湖などでは、このころ冬の風物詩、わかさぎの穴釣りが解禁されます。わかさぎはカルシウムがとても豊富な魚で、丸ごと食べられるのが醍醐味です。素焼きにしてもおいしいですし、天ぷらを揚げるとじんわりと身の旨味を味わえます。傷みが早いので、選ぶときは目が澄んでいて、体が銀色に光っている新鮮なものを。

○旬の野菜

みずな

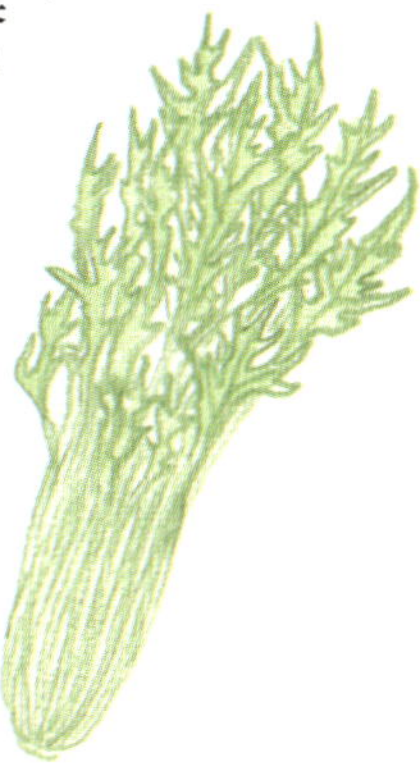

京都では水と土だけで育てたことから、水菜と書いて、みずなと。他の地方では京菜とも呼ばれます。旬は十二月〜三月。ピリリときいた辛みが特徴で、β-カロテン、ビタミンB、C、Eなどがたっぷり。鯨肉（あるいは豚肉など）とみずなのハリハリ鍋は、関西の冬の醍醐味です。またサラダなどで、シャッキリした食感を楽しみつつ、栄養をしっかりとるのもおすすめ◎。

○旬の野鳥

じょうびたき

オスの胸の、あざやかな橙色が目を惹きつける、じょうびたき。「ヒッヒッ」「カッカッ」という鳴き声が火打ち石の音のようだから「火焚《ひた》き」と名づけられたとか。チベットや中国東北部から冬になるとやってくる渡り鳥です。すずめよりやや小さく、林の中に生息し、街にもよく姿を現わします。

○旬の草花

福寿草《ふくじゅそう》

旧暦の正月（新暦二月前後）のころに咲くことから、元日草とも呼ばれる福寿草。アイヌ語ではクナウノンノという名前。早春の野に光るように咲く金色の花は、その名の通り福を呼び込むよう。昔は、正月の床飾りに用いられていました。光沢のある花びらは、日があたると開き、暮れると閉じる性質のもの。

大寒

末候 鶏始めて乳す《にわとりはじめてにゅうす》

鶏が卵を産みはじめるころ。
かつて鶏の産卵期は、春から夏にかけてでした。
（新暦では、およそ一月三十日～二月三日ごろ）

候のことば

節分

昔は、季節の変わり目にあたる立春、立夏、立秋、立冬の前日がすべて節分とされていました。一年の節目にあたる春の節分に重きが置かれはじめたのは、室町時代からだそう。季節の変わり目には悪鬼が出てくるといわれ、豆が「魔滅」の音に通じることから「鬼は外、福は内」のかけ声で豆まきをするならわしがはじまったとか。数え年で自分の歳の数（地方によっては歳よりひとつ多い数）の豆を食べると、健康になるといわれています。

○旬の魚介

めひかり

深海に住んでいて、大きな目が青く光って見えることから、めひかりと名づけられたとか。旬は冬～春。水深二百～三百メートルあたりにいます。塩焼き、天ぷら、唐揚げ、刺身はどれも美味ですが、軽く干すと旨味が増します。脂のりがよく、握りネタにも◎。

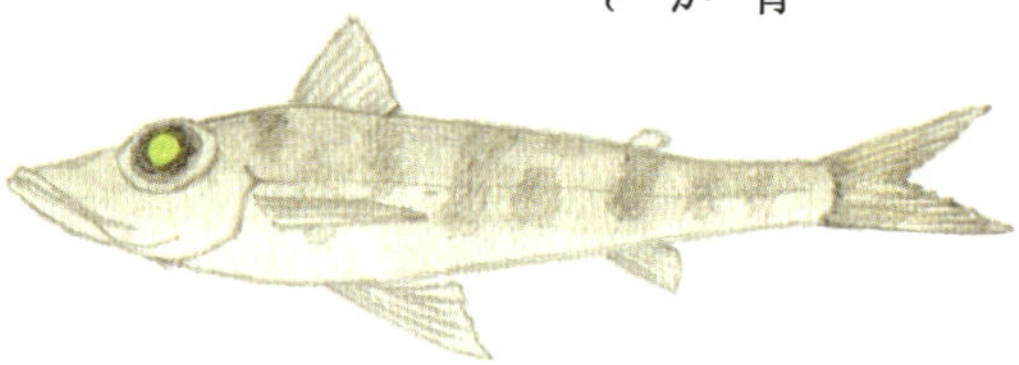

○旬の果物

金柑《きんかん》

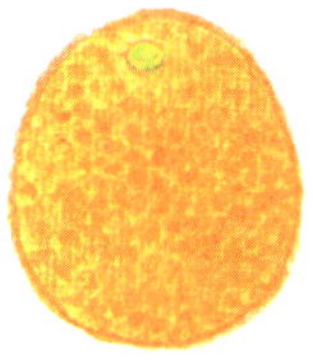

いちばん小さなミカン科の果実が金柑です。名前の意味は、金色の蜜柑。旬は十二月〜二月です。皮にビタミンCが豊富なので、皮ごと砂糖漬けにすれば、せき止めに。甘露煮は、正月のおせち料理にも。焼酎に浸けて金柑酒にすると香りのいい果実酒ができます。甘酸っぱい実は、皮が薄いものは丸ごと食べられます。

○旬の日

晦日正月《みそかしょうがつ》

一月三十一日、正月の末日は晦日正月、晦日宵《みそかよい》、晦日節《みそかぜち》などと呼ばれます。松の内に年始回りできなかった家に正月最後のあいさつに訪ねたり、年越しそばをこの日に食べたり、団子をつくって家の戸口に挿す晦日《みそか》団子の習慣があったり、地方によってさまざまに、正月を締めくくっていきます。

○旬の行事

恵方巻《えほうまき》

節分の夜、その年の縁起のいい方角、恵方に向かって太巻きを丸かぶりすると、福が来るといわれます。決まりは、太巻きを一本食べ終わるまで、口をきいてはいけないこと。その太巻きのことは、恵方巻、丸かぶり寿司などと呼ばれます。七福神にちなんで縁起を担ぎ、かんぴょう、きゅうり、しいたけ、だし巻、うなぎ、でんぶなどの七種の具を入れて巻くとか。

おわりに

かつお節や昆布だしなど慣れ親しんだ、だしの味は海からの贈り物。炊きたてのごはんも漬け物も、温かな食卓の象徴のような、地からもたらされた恵み。旬の魚や野菜は味がくっきりとしておいしく、体のすみずみまで栄養を行き渡らせてくれます。春には桜、夏には花火、秋には月、冬には正月祝いなど、暮らしに溶け込み、心和ませるいくつもの風物詩が一年を通じてめぐってきます。

地も、海も、私たちのまわりを包む豊かな自然のすべてに、感謝こそすれ、それらを汚していいはずがありません。自然を汚すことは、私たちを育んできた故郷と文化を汚し、いのちの源を傷つけるのと同じことです。昨年来の原子力発電所の事故は、あまりにも愚かしく、これから生まれてくる未来の人たちに取り返しのつかないほどの負の遺産を残す過ちとなりました。

それでも、私たちはここからまた生きていかねばなりません。そう心するとき、昔ながらの暮らしに教わることがたくさんあります。古来、人が何を大切にしてきたか、自然からどれほど恩恵を受けて生活を営んできたか、何に暮らしのよろこびを覚え、どのように収穫に感謝してきたか……、そうしたことを知り、伝え、受け継いでいきたいという思いが、この本を生み出す直接の動機となりました。

本づくりに際して、編集にお力添えくださった武居智子さん、装丁を手がけてくださった辻祥江さんをはじめ、たくさんのかたにご尽力いただいたことに、この場を借りてお礼申し上げます。そして、旧暦のある暮らしをあざやかに、生き生きと描いた有賀一広さんともども、本のできあがりを喜びたい思いです。

二〇一二年一月　　白井明大

主な参考文献

沢木欣一監修『カラー版 新日本大歳時記（全５巻）』（講談社）／藤井一二『古代日本の四季ごよみ ―旧暦にみる生活カレンダー』（中央公論新社）／おーなり由子『ひらがな暦　三六六日の絵ことば歳時記』（新潮社）／財団法人日本生態系協会『にほんのいきもの暦』（アノニマ・スタジオ）／新谷尚紀『日本人の春夏秋冬――季節の行事と祝いごと』（小学館）／金子兜太監修『365日で味わう　美しい季語の花』（誠文堂新光社）／Think the Earthプロジェクト編、松尾たいこ『えこよみ―ECOYOMI』（Think the Earthプロジェクト）／高橋健司『空の名前』（角川書店）／白川静『新訂　字統』（平凡社）／藤原昌高『からだにおいしい魚の便利帳』（高橋書店）／板木利隆監修『からだにおいしい野菜の便利帳』（高橋書店）／田中由美監修『健康365日　旬がおいしい野菜事典』（学習研究社）／吉田企世子・棚橋伸子監修『春夏秋冬おいしいクスリ　旬の野菜と魚の栄養事典』（X-Knowledge）／佐竹義輔他編『日本の野生植物 木本Ⅱ』（平凡社）／日本文化いろは事典プロジェクトスタッフ『日本の伝統文化・芸能事典』（汐文社）／琉球新報社編『最新版 沖縄コンパクト事典』（琉球新報社）／池澤夏樹編『オキナワなんでも事典』（新潮社）／佐佐木信綱編『新訂　新訓万葉集（上）（下）』（岩波文庫）／山岸徳平校注『源氏物語（全６巻）』（岩波文庫）／池田亀鑑校訂『枕草子』（岩波文庫）／野上豊一郎・西尾実校訂『風姿花伝』（岩波文庫）／金谷治訳注『荘子（全４巻）』（岩波文庫）／松枝茂夫・和田武司訳注『陶淵明全集（上）（下）』（岩波文庫）／小林一茶『一茶全集（全８巻）』（信濃毎日新聞社）／橘曙覧『橘曙覧全歌集』（岩波文庫）／松尾芭蕉『野ざらし紀行・笈の小文』（新典社）／松尾芭蕉『芭蕉 おくのほそ道―付・曾良旅日記、奥細道菅菰抄』（岩波文庫）／松尾芭蕉『芭蕉全句集　現代語訳付き』（角川ソフィア文庫）／与謝蕪村『蕪村全句集』（おうふう）／阿波野青畝『阿波野青畝全句集』（花神社）／飯田蛇笏『新編　飯田蛇笏全句集』（角川書店）／飯田龍太『百戸の谿―句集（昭和俳句叢書〈後期篇 第4〉）』（新甲鳥）／石川啄木『石川啄木全集（全８巻）』（筑摩書房）／石垣りん『レモンとねずみ』（童話屋）／金子兜太『日常』（ふらんす堂）／岸田稚魚『花神コレクション〔俳句〕岸田稚魚』（花神社）／北原白秋『桐の花―抒情歌集』（日本近代文学館）／木下夕爾『定本木下夕爾句集』（牧羊社）／工藤直子『のはらうた（全６巻）』（童話屋）／貞久秀紀『明示と暗示』（思潮社）／柴田千晶『句集　赤き毛皮』（金雀枝舎）／島崎藤村『初恋　島崎藤村詩集』（集英社）／杉田久女『杉田久女全集（全２巻）』（立風書房）／高野素十『素十全集（全４巻）』（明治書院）／高浜虚子『定本高浜虚子全集（全15巻・別巻１巻）』（毎日新聞社）／谷川俊太郎、瀬川康男『ことばあそびうた』（福音館書店）／種田山頭火『山頭火全集（全11巻）』（春陽堂書店）／中上哲夫『スウェーデン美人の金髪が緑色になる理由』（書肆山田）／中原中也『中原中也全詩歌集（上）（下）』（講談社文芸文庫）／永瀬清子『短章集　続　焔に薪を／彩りの雲』（思潮社）／夏目漱石『漱石俳句集』（岩波文庫）／萩原麦草『麦嵐』（竹頭社）／樋口一葉『にごりえ・たけくらべ』（岩波文庫）／前田康子『キンノエノコロ』（砂子屋書房）／正岡子規『子規全集（全22巻・別巻３巻）』（講談社）／まど・みちお『まど・みちお全詩集』（理論社）／麻里伊『水は水へ』（富士見書房）／三橋鷹女『三橋鷹女全句集』（立風書房刊）／水原秋櫻子『水原秋櫻子全集（全21巻）』（講談社）／宮澤賢治『【新】校本　宮澤賢治全集（全16巻・別巻1巻）』（筑摩書房）／室生犀星『動物詩集』（日本図書センター）／原石鼎『原石鼎全句集』（沖積舎）／山口素堂「山梨県文学講座　山口素堂全集」http://sky.geocities.jp/hokurekimukawa/／山之口貘『定本　山之口貘詩集』（原書房）／山之口貘『鮪に鰯　―山之口貘詩集』（原書房）／雪舟えま『たんぽるぽる』（短歌研究社）／横山きっこ『満月へハイヒール』http://8321.teacup.com/kikko72/bbs/281／「俳句」23年５月号（角川書店）／新・増殖する俳句歳時記　http://zouhai.com/／「俳句読本」http://www1.bbiq.jp/haikai/／こよみのページ　http://koyomi.vis.ne.jp/／ウィキペディア　http://ja.wikipedia.org/wiki/

索引

文・白井明大　しらいあけひろ
詩人。1970年東京生まれ。日々の暮らしのささやかなできごとを詩にする。詩集『心を縫う』（詩学社、2004年）『くさまくら』（花神社、2007年）『歌』（思潮社、2010年）共著『サルビア手づくり通信』（アスペクト、2008年）。
http://www.mumeisyousetu.com/

絵・有賀一広　あるがかずひろ
1971年、長野県伊那市生まれ。多摩美術大学卒業。『イラストレーション』誌上コンペ「ザ・チョイス」大竹伸朗選最優秀賞受賞。「ザ・チョイス」1999年度大賞受賞。「ザ・チョイス」ポスターが「第6回世界トリエンナーレトヤマ2000」銀賞受賞。現在イラストレーターとして活動中。
http://aruga1.web.fc2.com/

デザイン　辻祥江（ea）
編集協力　武居智子
制作　シーロック出版社

日本の七十二候を楽しむ
―旧暦のある暮らし―

2012年3月2日　初版第1刷発行
2015年12月1日　第9版第2刷発行

文　白井明大
絵　有賀一広
発行人　保川敏克
発行所　東邦出版株式会社
〒169-0051
東京都新宿区西早稲田3-30-16
http://www.toho-pub.com

印刷・製本　株式会社シナノパブリッシングプレス

本文用紙　HSホワイトハミングAT 49.5kg